COLLECTION

DE

MANUELS

FORMANT UNE

ENCYCLOPEDIE

DES SCIENCES ET DES ARTS.

Format in-18.

Tous les Traités se vendent séparément.
Pour les recevoir franc de port on ajoutera
50 *cent. par volume in-18.*

Les suivans sont en vente ; les autres paraî-
tront successivement.

Manuel d'Arpentage, ou Instruction sur cet art et sur celui de lever
les plans, par M. Lacroix, membre de l'Institut. Un vol. orné de
planches. Deuxième édition.   2 fr. 50 c.
Manuel d'Arithmétique démontrée, par M. Collin. Sixième édit.
Un vol.   2 fr. 50 c.
Manuel de l'Artificier, contenant les Élémens de la Pyrotechnie
civile et militaire; par A. D. Vergnaud, capitaine d'artillerie et
ancien élève de l'Ecole Polytechnique. Un vol. orné de plan-
ches.   3 fr.
Manuel d'Astronomie, par M. Bailly. Un volume orné de plan-
ches. Deuxième édition.   2 fr. 50 c.
Manuel Biographique, ou Dictionnaire historique abrégé des
grands Hommes, par M. Jacquelin et M. Noël, inspecteur-géné-
ral des études. 2 gr. vol.   6 fr.
Manuel complet de Botanique, contenant les principes élémen-
taires de cette science ; par M. Boitard. Un vol. de 450 pages,
orné de planches.   3 f. 50 c.

Manuel d'Hygiène, ou l'Art de conserver sa Santé, par M. le
docteur Morin. 1 vol.   3 f.
Manuel de l'Imprimeur, ou Traité simplifié et complet de cet
Art ; par M. E. Audouin de Géronval, et revu par M. Crapelet,
imprimeur. 1 vol.   3 fr.
Manuel complet du Jardinier, dédié à M. Thouin ; par M. Bailly.
Troisième édition. 2 vol.   5 fr.
Annuaire du Jardinier et de l'Agronome, pour 1827, par un
Jardinier-agronome. Un vol. in-18.   1 fr. 50 c.
    Cet Annuaire paraît au 1ᵉʳ janvier de chaque année, et tient
au courant de toutes les Découvertes le Manuel du Jardinier, et
tous les autres ouvrages de jardinage.
Manuel du Jaugeage et des Débitans de boissons ; par MM. Lau-
dier et D... avocat. Un vol.   3 f.
Manuel complet des Jeux de Société, renfermant tous les jeux
qui conviennent aux jeunes gens des deux sexes ; par mad. Celnart.
1 vol.   3 fr.
Manuel du Limonadier et du Confiseur, par M. Cardelli.
4ᵉ édition. Un vol.   2 fr. 50 c.
Manuel de la Maîtresse de maison, et de la Parfaite Ména-
gère, par mad. Gacon-Dufour. Un vol.   2 f. 50 c.
Manuel de Mammalogie, ou Histoire naturelle des Mammifères,
par M. Lesson. Un vol.   3 f. 50 c.
Manuel des Marchands de Bois et de Charbons, suivi de nou-
veaux Tarifs du Cubage des bois, etc. ; par M. Marié de l'Isle.
1 vol.   3 fr.
Manuel de Médecine et de Chirurgie domestiques ; par M. Mo-
rin. Deuxième édition. Un vol.   3 fr. 50 c.
Manuel du Menuisier en Bâtimens et en Meubles, suivi de
l'Art de l'Ebéniste ; par M. Nosban. 2 vol. ornés de planches. 6 fr.
Manuel de Minéralogie, par M. Blondeau. Deuxième édition.
Un vol.   3 fr. 50 c.
Manuel du Naturaliste préparateur, par M. Boitard. Un
vol.   2 fr. 50 c.
Manuel du Parfumeur, par mad. Gacon-Dufour. Un vol. 2 fr. 50 c.
Manuel du Pâtissier et de la Pâtissière, par la même. Un
vol.   2 fr. 50 c.
Manuel du Pêcheur français, ou Traité général de toutes sortes
de Pêches ; par M. Pesson-Maisonneuve. Un vol.   3 fr.
Manuel du Peintre en bâtimens, du Doreur et du Vernisseur,
par M. Riffault. Deuxième édition. Un vol.   2 f. 50 c.
Manuel de Perspective, du Dessinateur et du Peintre, par
M. Vergnaud. Deuxième édition. Un vol.   3 fr.
Manuel de Physique, par M. Bailly. Troisième édition. Un
vol. -   2 fr. 50 c.
Manuel de Physique amusante, ou nouvelles Récréations phy-
siques ; par M. Julia-Fontenelle. Un vol. 2ᵉ édition.   3 fr.
*Manuel pratique des Poids et Mesures, des Monnaies et du
Calcul décimal*, par M. Tarbé, 12ᵉ édition. Un vol.   3 fr.
Manuel du Praticien, ou Traité de la science du Droit ; par
M. D..., avocat. Deuxième édition. Un vol.   3 fr. 50 c.

Manuel du Relieur, du Brocheur et de l'Assembleur, par
M. Sébastien Lenormand. Un vol. orné de planches.　3 f.
Manuel du Savonnier, ou l'Art de faire toutes sortes de Savons,
par mad. Gacou-Dufour. Un vol.　3 f.
Manuel du Serrurier, par le comte de Grandpré. Un vol.　3 f.
Manuel du Tanneur, du Corroyeur, de l'Hongroyeur, par
M. Chicoineau. Un vol.　3 fr.
Manuel du Teinturier, suivi de l'Art du Dégraisseur; par
M. Riffault. Un vol. orné de figures.　3 fr.
Manuel du Tourneur, ou Traité complet et simplifié de cet Art,
par M. Dessables. 2 vol. ornés de planches.　6 fr.
Manuel du Vétérinaire, contenant la connaissance générale des
chevaux, la manière de les élever, de les dresser et de les con-
duire ; par M. Lebeaud. Un vol.　3 fr.
Manuel du Vigneron français, ou l'Art de cultiver la vigne, de
faire les vins et les eaux-de-vie ; par M. Thiébaud de Berneaud.
Deuxième édition. Un vol.　3 fr.
Manuel du Vinaigrier et du Moutardier, par M. Julia-Fonte-
nelle. Un vol.　3 f.
Manuel du Zoophile, ou l'Art d'élever et de soigner les animaux
domestiques, par madame Celnart. Un vol.　2 fr. 50 c.

SOUS PRESSE.

Manuel d'Algèbre, par M. Terquem, professeur de mathéma-
tiques aux Écoles royales.
Manuel de l'Amidonnier et du Vermicellier.
Manuel d'Architecture, ou Traité de l'Art de Bâtir, par
M. Toussaint, architecte. 2 vol.
Manuel du Chandelier et du Cirier, par M. Sébastien Lenor-
mand. Un vol.
Manuel d'Entomologie, ou Histoire naturelle des Insectes ; par
M. Boitard. 2 vol.
Manuel de l'Herboriste, de l'Épicier et du Droguiste.
Manuel du Ferblantier.
Manuel complet de Géométrie, par M. Terquem.
Manuel des Jeux de Hasard et de Calcul.
Manuel de Mathématiques amusantes, ou nouvelles Récréations
mathématiques.
Manuel complet de Mécanique, par M. Terquem.
Manuel de l'Art militaire, par M. Vergnaud, capitaine d'artil-
lerie.
*Manuel théorique et pratique de Musique vocale et instru-
mentale*, par M. Choron. Un vol.
Manuel d'Ornithologie, ou Histoire naturelle des Oiseaux.
Manuel du Peintre en miniature.
Manuel du Poêlier-Fumiste.

*Beaucoup d'autres Ouvrages sont prêts à
imprimer.*

MANUEL

DU FABRICANT

ET DE L'ÉPURATEUR

D'HUILES,

SUIVI

D'UN APERÇU SUR L'ÉCLAIRAGE PAR LE GAZ;

PAR M. JULIA FONTENELLE,

Professeur de Chimie; Membre honoraire de la Société royale de Varsovie; Associé de l'Académie royale de Médecine et de celle des Sciences de Barcelone; Membre de la Société de Chimie médicale de Paris, de la Société royale des Antiquaires de France, des Académies royales des Sciences de Lyon, Rouen, etc.

RORET, LIBRAIRE, RUE HAUTEFEUILLE,

AU COIN DE CELLE DU BATTOIR.

1827.

Membre du Conseil général d'Agriculture de France,
près du Ministère de l'Intérieur ; Membre corres-
pondant de la Société royale et centrale d'Agricul-
ture, de la Société royale pour l'amélioration des
laines, et des Sociétés linnéennes de Paris et de
Bordeaux, etc.

Souvenir de son ami,

Julia Fontenelle.

INTRODUCTION.

L'APPLICATION de la chimie aux arts en a tellement reculé les bornes, qu'un grand nombre sont, à proprement parler, de création nouvelle, que d'autres ont pris place parmi les sciences, et que tous, en général, ont ressenti les heureux effets de cette influence en s'enrichissant d'une infinité de découvertes, d'instrumens et de procédés nouveaux. Plusieurs même ont atteint à un tel degré de perfectionnement, que, de nos jours, les arts chimiques ont enfanté, pour ainsi dire, des merveilles. Témoin de l'utilité des connaissances chimiques, je me suis livré à l'application de cette science, à la pratique des arts. L'accueil bienveillant dont le public a honoré mes Manuels de *Physique amusante*, de *Minéralogie* et du *Vinaigrier*, m'ont engagé à publier celui du *Fabricant d'Huiles*, qui sera suivi d'un *Manuel de Chimie appliquée aux arts* et d'un *Manuel du Fabricant de produits chimiques*. Depuis plus de quinze ans je recueille les matériaux propres à la confection de ces deux ouvrages, afin de me rendre de plus en plus digne des éloges que les journaux ont donnés aux ouvrages précités et de justifier la bienveillance du public.

Nous ne possédons aucun ouvrage sur la fabrication des huiles, quoique cette fabrication soit une branche importante des arts et de l'économie domestique. Nous n'avons que quelques mémoires épars sur quelques huiles en particulier ; cependant, les travaux de MM. Chevreul et Braconnot ont jeté le plus grand jour sur leur connaissance, et ouvert la porte à ceux de MM. Colin, Bussy, Lecanu, etc. ; de manière que, maintenant, l'extraction des huiles n'est point un art empyrique, mais bien un véritable art chimique, qui est appelé à recevoir de nouveaux perfectionnemens. C'est pour contribuer à ses progrès que j'ai rédigé le *Manuel du Fabricant et de l'épurateur d'Huiles.*

Personne n'ignore que la plupart sont des produits végétaux et que d'autres sont retirées des animaux; il en est même qu'on appelle, *minérales*, quoiqu'elles soient éminemment d'origine végétale ; on a cru leur devoir donner ce nom parce qu'on les trouve naturellement, en creusant certains terrains. Je n'entreprendrai point de décrire, dans cet ouvrage, toutes les huiles connues, car il en existe un si grand nombre qu'il faudrait plusieurs volumes pour les énumérer. Je me suis donc borné à présenter les principales et les plus utiles, en un mot celles qui paraissent offrir le plus d'intérêt. En conséquence, j'ai divisé ce travail en cinq parties : dans la première, je présente quelques considérations générales sur

les huiles fixes, dans lesquelles j'expose la plu-
part de leurs propriétés physiques et chimi-
ques, leur analyse et leur composition élé-
mentaire; j'examine dans la seconde la plupart
des huiles fixes. Mais comme celle d'olive est
la seule que l'on retire de la drupe et non de
la semence elle-même, je la place à la tête de
cet examen et je range les autres suivant l'ordre
alphabétique, afin de rendre l'ouvrage plus
facile à consulter. Pour répandre plus d'inté-
rêt sur ce travail j'ai pris soin de recueillir
la plupart des procédés qui ont obtenu des
brevets d'invention et de les décrire, en y ajou-
tant les planches qui en facilitent la connais-
sance. C'est, suivant nous, le meilleur moyen
pour offrir du nouveau et s'écarter des
routes battues. Dans la troisième partie, je
m'occupe de divers moyens propres à l'épura-
tion de ces huiles; dans la quatrième, j'exa-
mine celles qu'on nomme *animales* et *miné-
rales;* la cinquième, enfin, est consacrée aux
huiles volatiles : j'ai fait précéder cette partie
de quelques recherches sur leurs caractères,
leurs propriétés physiques et chimiques et
leur composition. J'ai suivi la classification de
M. de Fourcroy; mais l'ayant trouvée insuffi-
sante pour classer certaines huiles, je les ai
comprises dans un appendice; nous sommes
même forcé de convenir que, dans les di-
vers genres, il s'en trouve qui sont également
peu étudiées. Enfin, j'ai terminé cet ouvrage
par un aperçu sur le mode d'éclairage par le

gaz (1). Je n'ai point eu la prétention de publier une dissertation sur ce bel-art, je n'ai cherché qu'à en donner une idée à ceux qui, placés loin de la capitale, n'ont point été à portée de sentir toute l'importance de la belle découverte de M. Lebon, ingénieur français, laquelle, dédaignée en France dès son origine, fut exportée en Angleterre, où elle fut accueillie avec empressement et d'où nous l'avons, bientôt après, importée.

Telle est le sort de plus d'une découverte ; cependant les bienfaits que répand sur les arts la Société d'Encouragement pour l'industrie nationale nous portent à croire que de pareils exemples ne se montreront plus, et qu'un gouvernement, ami des arts, s'empressera de les encourager afin de conserver à notre belle France cette supériorité qui l'a placée à la tête de toutes les nations pour ses arts chimiques et industriels.

----

(1) Je n'ai pas cru devoir comprendre dans cet ouvrage les huiles composées, parce qu'elles sont du ressort de la pharmacie, ni celles de toilette, parce qu'elles appartiennent à la parfumerie, et qu'elles ne sont autre chose qu'une huile douce, comme celle d'olive, de ben, ou d'amandes douces, aromatisée par quelque huile volatile, à laquelle on ajoute parfois une matière colorante.

MANUEL
DU FABRICANT
ET DE L'ÉPURATEUR
D'HUILES.

PREMIÈRE PARTIE.

CONSIDÉRATIONS GÉNÉRALES SUR LES HUILES FIXES.

De temps immémorial on a désigné par le nom d'huile des produits immédiats des végétaux, qui sont plus ou moins liquides, onctueux, inflammables, pénétrant le papier, lui communiquant une demi-transparence et y produisant une tache graisseuse. L'énumération de toutes les espèces d'huiles fixes exigerait plus d'un volume ; nous réduirons donc cet examen à celles qui sont fabriquées comme alimens, ou bien qui ont trouvé une application spéciale à l'éclairage, aux arts ou à la médecine.

Presque tous les chimistes anciens et modernes se sont occupés des propriétés des huiles et de leur nature ; cependant leur composition immédiate avait échappé aux savantes recherches des Lavoisier, des Berthollet, des Vauquelin, des

Fourcroy, des Proust, des Schéèle, des Priest-
ley, etc.; cette connaissance était réservée aux
importans travaux de MM. Chevreul et Bracon-
not : nous aurons occasion d'y revenir plus d'une
fois.

Les huiles fixes ou douces n'existent jamais que
dans les semences des végétaux; on ne les a point
encore trouvées dans leurs tiges, leurs écorces,
leurs feuilles, leurs fleurs, etc. : quelquefois elles
sont contenues dans la chair de certains fruits ; mais
c'est bien rare, puisque dans nos climats on ne
les trouve ainsi que dans l'olive.

On doit regarder comme une règle générale,
que l'huile douce n'existe que dans le cotylédon
des semences, et qu'on ne connaît point de graine
monocotylédone qui en produise.

Les graines oléagineuses contiennent, en même
temps, de la fécule et une espèce de mucilage qui,
les rendant miscibles à l'eau, donnent, avec ce
liquide, une liqueur blanche connue sous le nom
d'*émulsion* ou *lait d'amande*, quand c'est avec ce
fruit qu'on l'a préparée : c'est en raison de cette
propriété que ces semences sont appelées émul-
sives. Nous allons présenter ici un tableau des
principales huiles fixes, ainsi que des végétaux
qui les produisent.

Huiles fixes.	Végétaux qui les produisent.
Huile d'olives.......	olivier, *olea europæa.*
— de pistache de terre	*arachis hypogea.*
— de chenevis......	chanvre, *cannabis sativa.*
— d'amandes.......	amandier, *amygdalis communis.*
— de concombre....	citrouille, *cucurbita pepo et mala pepo.*
— de chou.........	*brassica oleracea.*
— de colza........	*brassica oleracea arvensis, brassica campestris.*
— de navette.......	navets; *brassica napus et campestris.*

Huiles fixes.	Végétaux qui les produisent.
— de moutarde.....	*sinapis alba et nigra.*
— de faine..........	hêtre commun, *fagus sylvatica.*
— de cacao.........	*theabroma cacao.*
— de noisette.......	*coryllas avellana.*
— de pavot.......	*papaver somniferum.*
— de raifort.........	*raphanus raphanisticum.*
— de ben..........	*guilandina mohringa.*
— de pepins de raisin	*vitis vinifera.*
— de laurier........	*laurus nobilis.*
— de lin..........	*linum usitatissimum et perenne.*
— de ricin........	*ricinus communis.*
— de caméline......	*myagrum sativum.*
— de julienne......	*hesperis matronalis.*
— de galéope.......	*galeopsis tetrahit.*

Propriétés physiques des huiles.

Les huiles douces, grasses ou fines, car ces noms sont synonymes, sont, à la température atmosphérique, presque toutes liquides; quelques unes cependant, comme celles de palmier, le beurre de balam, celui de cacao, etc., sont plus ou moins consistantes; elles sont aussi plus ou moins gluantes, d'une saveur faible, mais parfois désagréable. Quelques unes sont incolores; en général elles sont cependant d'une couleur ambrée, et quelques unes d'un jaune verdâtre : cette couleur me paraît due à un principe particulier qu'elles tiennent en dissolution. Le poids spécifique des huiles est plus faible que celui de l'eau, aussi surnagent-elles ce liquide; mais ce poids n'est pas le même pour toutes, ainsi que nous allons le faire connaître.

Poids spécifiques des huiles douces.

Le poids spécifique de toute les huiles douces n'a pas encore été démontré; les seules dont on l'ait déterminé sont les suivantes :

Huile d'olives. . . . 913.

Huiles de navette. . . . 9r3.
    — de lin . . . . . . 932.
    — d'amandes. . . . 932.
    — de noix, de . . . 923 à 947.
    — de faîne. . . . . 923.
    — de pavot. . . . . 930.
    — de noisette . . . 941.
    — de ben. . . . . . 917.
    — de moutarde. . . 920.
    — de palmier. . . . 968.
    — de cacao. . . . . 892.

On pourrait, jusqu'à un certain point, reconnaître quelques huiles par leur poids spécifique.

Propriétés chimiques.

Les huiles exposées à l'action de l'air ou laissées en contact avec le gaz oxigène, en éprouvent une altération plus ou moins prompte. En effet, avec le temps et graduellement, leur liquidité diminue, elles s'épaississent, et certaines même se durcissent : ces dernières portent le nom d'*huiles siccatives;* de ce nombre sont les huiles de lin, de noix, d'œillet, de pepins de raisin, etc. M. de Saussure s'est livré à des recherches très intéressantes sur ce qui se passe lors de cette action (1). Cet habile physicien a reconnu qu'une couche d'huile de noix, de 3 lignes d'épaisseur sur 3 pouces de diamètre, placée sur du mercure à l'ombre, dans du gaz oxigène pur, n'en a absorbé qu'un volume égal au plus à trois fois celui de l'huile, pendant huit mois, entre décembre 1817 et le 1er août 1818; mais, dans les dix jours suivans, elle en a absorbé 6o fois son volume. A la fin d'octobre, époque à laquelle la diminution du volume du gaz était presque insensible, cette huile avait absorbé 145 fois son volume de gaz oxigène, et donné 21

____

(1) *Annales de Chimie et de Physique*, tome XIII.

fois son volume de gaz acide carbonique, sans aucune production d'eau. Cette huile, ainsi traitée, formait une espèce de gelée transparente qui ne tachait plus le papier; par ce moyen, l'huile de pepins de raisin a acquis la consistance et la viscosité de la térébenthine. Les huiles qui ne s'épaississent pas suffisamment par le contact de l'air sont appelées *non siccatives*. Les huiles exposées dans une cornue, à une température assez élevée pour en opérer la distillation, se décomposent en partie; il se dégage du gaz hydrogène carboné, et il passe dans le récipient une huile d'un jaune brunâtre, d'une odeur très forte et très piquante; le résidu est une petite quantité de substance charbonneuse : c'est pour cette raison que, lorsque les cuisiniers font chauffer fortement leurs huiles dans des vases métalliques, les ragoûts acquièrent une saveur âcre et irritante.

Les huiles exposées à l'action du froid se figent à des températures plus ou moins basses, suivant que les deux principes qui les constituent, l'oléine et la stéarine, sont en des proportions différentes; ainsi, plus elles sont riches en stéarine, plus elles se figent promptement, parce que la stéarine, comme nous le faisons connaître ailleurs, est, à proprement parler, le suif ou la partie solide des huiles, et l'oléine la partie fluide.

Les huiles douces sont insolubles dans l'eau; mais le plus grand nombre est plus ou moins soluble dans l'alcool et l'éther. Nous donnerons le tableau de leur solubilité dans l'alcool. M. de Saussure a fait une remarque curieuse; c'est que leur solubilité dans ce menstrue augmentait avec la quantité d'oxigène qu'elles contenaient comme élément de composition, ainsi qu'avec celui qu'elles avaient absorbé (1) à l'aide de la chaleur. Les huiles dis-

---

(1) *Loco citato.*

solvent le phosphore et le soufre ; par le refroi-
dissement , une grande partie du premier se préci-
pite en cristaux.

Le chlore et l'iode agissent même à froid sur les
huiles, leur enlèvent de l'hydrogène, et se con-
vertissent en acides hydrochlorique et hydrio-
dique.

Le potassium et le sodium n'agissent sur elles
qu'après être passés à l'état d'oxide ; ils forment
alors des savons.

Presque tous les acides puissans sont suscep-
tibles de s'unir à certaines huiles et de produire
des composés onctueux et pâteux , surtout si leur
action est aidée de celle du calorique ; ces com-
posés se dissolvent dans l'eau et moussent comme
le savon ordinaire, mais ils ne sont point perma-
nens et ne peuvent présenter un grand avantage
dans leur emploi.

Les huiles , comme nous l'avons déjà dit, sont
très combustibles, aussi sont-elles avantageuse-
ment appliquées à l'éclairage. Nous allons pré-
senter un tableau comparatif de la combustibilité
de quelques unes, sous le même poids et les mêmes
circonstances ; ces expériences sont dues à M. Louis
de Villeneuve, qui a reconnu que la flamme égale
d'une petite lampe consomme dans 12 heures :

	grammes ou onces	gros.
Huile de Flandre.	88 . . . 2	. . 7
— d'olive ou de colza . .	96 . . . 3	. . 1
— de noix	100 . . . 3	. . 2
— de lin.	110 . . . 3	. . 5
— de moutarde noire ou		
linette de printemps.	119 . . . 3	. . 7
— de moutarde blanche.	122 . . . 4	
— de pepins de raisin. .	68 . . . 2	. . 2

Cette dernière expérience m'est propre.

Tableau de la solubilité des huiles fixes dans l'alcool.

Les expériences ont été faites avec 1000 gouttes d'alcool à 40° de l'aréomètre de Baumé, à 12° 5 c° ; voici les proportions que chaque 1000 gouttes de ce menstrue ont dissoutes des huiles suivantes :

Huile de pavot d'une année. . . . 8 gouttes.
   — de pavot, nouvelle. 4
   — de lin. 6
   — de noix. 6
   — de faine. 4
   — d'olive 3
   — d'amande douce 3
   — de noisette. 3
   — de pepins de raisin. 6
   — de ricin en toutes proportions.

L'action des oxides sur les huiles a été long-temps un problème dont Schéèie entreprit la solution , et que MM. Chevreul et Braconnot sont parvenus à résoudre. En effet, M. Chévreul a démontré que lorsqu'on fait bouillir des huiles , soit avec les oxides alcalins, ou ceux qui ont beaucoup d'affinité par les acides, il en résulte la décomposition constante des huiles , sans que l'air exerce la moindre influence sur cette décomposition , et sans aucune production d'acides acétique ni carbonique. Mais comme les élémens réunis équivalent à ceux de l'huile employée, et qu'il y a de plus un peu d'oxigène et d'hydrogène, dans les rapports propres à produire de l'eau , MM. Chevreul et Thenard pensent qu'une petite quantité de ce liquide concourt à cette opération , dont les produits sont :

1°. *Le principe doux de Schéèle.*

C'est à Schéèle que la découverte en est due ; il est liquide, inodore, doux, transparent, soluble dans l'eau, plus pesant que ce liquide et inflammable ; l'acide nitrique (eau forte) le convertit en acide oxalique, et l'acide sulfurique (huile de vitriol) en sucre.

2°. *Les acides oléique et margarique.*

Ces acides s'unissent aux oxides qu'on a fait réagir sur les huiles, et forment des margarates et des oléates insolubles, qui sont la base des emplâtres, à l'exception de ceux qui sont le produit de la réaction de la potasse et de la soude, qui constituent les véritables savons, de sorte que, d'après ce qui se passe dans la saponification, les savons sont de véritables composés de deux à trois sels, qui sont les oléates, les margarates et les stéarates de potasse ou de soude ; ceux qui sont à base de potasse sont mous, et ceux à base de soude sont durs : on peut convertir les savons mous, à base de potasse, en savons durs, en les faisant bouillir avec de l'eau et de l'hydrochlorate de soude.

Toutes les huiles ne donnent point d'égales quantités de savons ni des qualités identiques ; l'huile d'olive produit seule des savons durs, et les huiles des graines oléagineuses des savons mous. Nous allons offrir ici un tableau de ces produits.

Tableau comparatif des quantités de savons obtenues de trois livres d'huile ou de graisse saponifiées par le sous-carbonate de soude rendu caustique.

NOMS des huiles ou graisses.	COULEUR des savons.	QUANTITÉ retenue au sortir de la mise.	Perte en poids.	Espace de temps.
d'olive	blanc	7 liv. 10 onc	5 liv.	dans 2 mois.
d'amande douce	blanc	5... 11	4... 6 onc	....id.
de colza	jaune citron	5... 14	5	....0....15 jours.
de navette	blanc	6... 8	5	....0....20
de faine	gris sale	5... 4	4... 13	2
d'œillet	gris	4... 8	4... 6	....1....15
de chenevis	vert	5	4... 14	....0....15
de noix	jaune foncé	4... 7	4... 6	....0....15
de lin	jaunâtre	5	4... 12	1
de baleine	gris sale	4... 12	4... 10	....0....15
de poisson	brun rougeâtre	4... 11	4... 8	1
de morue	gris sale	4... 14	4... 12	....0....15
de suif	blanc	8... 4	6...	2
de saindoux	blanc	8... 3	5	2

Principes immédiats des huiles.

Avant les belles recherches de M. Chevreul, et presque en même temps de M. Braconnot, on avait regardé les huiles comme étant un simple produit immédiat des végétaux; mais ces deux chimistes en ayant fait l'objet d'une étude spéciale, ont démontré qu'elles étaient composées de deux autres corps gras, dont l'un est solide, à la température ordinaire, et l'autre est liquide. Le premier, comme nous l'avons déjà dit, porte le nom de *stéarine*, et l'autre d'*élaïne* ou *oléine*; ces deux principes sont également les constituans des graisses, lesquelles sont, à proprement parler, des huiles plus ou moins solides, suivant la quantité de stéarine qu'elles contiennent.

Le procédé propre à séparer l'oléine de la stéarine des huiles, est très simple; il consiste à les faire figer, à les presser entre des papiers gris à une température convenable, et à changer le papier jusqu'à ce qu'il ne soit plus taché : par ce moyen le papier absorbe l'oléine, et la stéarine reste sous forme de suif. Nous allons examiner maintenant ces deux substances.

Oléine ou élaïne.

L'oléine, avons-nous dit, est le produit immédiat le plus liquide des huiles et des graisses. Lorsqu'elle est récente, elle est inodore et incolore, d'une saveur douceâtre; son poids spécifique n'est pas identique dans toutes les graisses : ainsi l'oléine de celle de l'homme, du bœuf, du mouton, du porc, du jaguar, ont une densité d'environ 0,915°, tandis que celle de l'oie est d'environ 0,329°. L'oléine est sans action sur la teinture du tournesol, elle a l'aspect de l'huile d'olive blanche, elle ne se dissout pas dans l'eau; elle est soluble en général dans trente-une fois son poids d'alcool à 0,816 (1). Exposée à un froid de 4° au-dessous de o, elle est encore fluide; à celui de 6 à 7 — o, elle forme une masse cristallisée en aiguilles. La propriété dont jouit l'oléine de ne se figer qu'à une température si basse, devait la rendre précieuse pour l'horlogerie; aussi M. Overdun, pharmacien à Breda, l'a-t-il proposée pour cet usage sous le nom d'huile végétale purifiée. Les expériences auxquelles il s'est livré lui ont démontré qu'outre cette propriété, elle jouit de celle de n'attaquer ni le cuivre ni le fer, et de ne pas prendre les couleurs verte ou bleue, quand on la met en contact avec les métaux, comme le fait même la meilleure huile d'olive; en parlant de la stéarine nous ferons connaître une autre manière de préparer l'oléine.

Les alcalis réagissent sur ce corps gras de la manière suivante. Si l'on prend trois parties d'oléine, deux de potasse caustique et douze d'eau, et qu'on la soumette à l'action du calorique, elle se convertit en glycérine et en acide oléique et margarique, qui forment, avec la potasse, des oléates et des margarates qui, par leur réunion, produisent des savons mous; dans la réaction des alcalis sur la stéarine, les proportions de glycérine et d'acide oléique sont moins fortes.

Toutes les oléines ne produisent point une quantité égale de savon; ainsi, celle des graisses de jaguar, de mouton, d'oie et de porc, traitées par la potasse, donnent

graisse saponifiée . . 92,6
matière soluble. . . . 11,6

<hr>

(1) Toutes les oléines n'ont pas le même degré de solubilité dans ce menstrue; celui des oléines des graisses du bœuf, du mouton et du porc est identique; l'oléine de celle de l'oie est un peu plus soluble.

L'oléine de la graisse de bœuf extraite, comme
les précédentes, par l'action de l'alcool, produit

graisse saponifiée . . 92,6
matière soluble. . . . 7,4

M. Chevreul s'est livré à l'analyse de l'oléine;
il a trouvé celle de porc composée de

hydrogène. 79,030
carbone 11,422
oxigène 9,548
____
100,000

Acide oléique.

Cet acide est produit, comme nous l'avons dit,
par la réaction des alcalis caustiques sur l'oléine
des huiles ou des graisses ; on l'obtient isolé en
décomposant l'oléate de potasse purifié par l'al-
cool, par une solution d'acide tartrique, qui
forme un tartrate de potasse, et l'acide surnage la
liqueur. L'acide oléique pur ressemble à une huile
incolore, ayant une légère odeur et saveur rances ;
son poids spécifique est de 0,898 : exposé à quel-
ques degrés de froid au-dessous de 0, il se prend
en une masse blanche aiguillée; il n'est pas soluble
dans l'eau, mais il se dissout en toutes proportions
dans l'alcool à 0,822. C'est en vertu de cette pro-
priété qu'on peut le séparer des acides margari-
que et stéarique ; à chaud il rougit l'infusion de
tournesol, il décompose les carbonates, il forme
des sels avec les alcalis; avec la potasse il produit
un oléate qui est incolore, très peu odorant, amer,
alcalin et sous forme pulvérulente ; il est si soluble
dans l'eau qu'il suffit de deux parties de ce liquide
froid pour former une gelée transparente, et de
quatre pour que la solution paraisse sirupeuse. Une
plus grande quantité d'eau décompose ce sel et

le convertit en sous-oléate qui reste en dissolution dans la liqueur, et en sur-oléate qui se dépose. L'oléate de soude partage les propriétés de celui de potasse, avec cette différence qu'il est soluble dans dix parties d'eau à 12°.

L'acide oléique sec est composé, d'après M. Chevreul, de

Carbone 80,942
Hydrogène. 11,359
Oxigène 7,699

Stéarine.

La stéarine est, à proprement parler, la partie solide ou le suif des huiles et des graisses. Nous avons indiqué la manière de l'extraire des huiles : voici le procédé pour la séparer de l'oléine des graisses, tel que l'a fait connaître M. Chevreul. Il consiste à traiter la graisse de porc par huit fois son poids d'alcool bouillant et d'une densité d'environ 0,798, en décantant ce menstrue et en attaquant successivement le résidu par de nouvel alcool, jusqu'à ce que tout soit dissout. Par le refroidissement, l'alcool dépose la stéarine sous forme de petites aiguilles ; on obtient l'oléine en réduisant la solution alcoolique à $\frac{1}{8}$ de son volume. On purifie la stéarine en la dissolvant deux fois dans l'alcool, et la faisant cristalliser. On sépare le peu d'oléine que contient la stéarine en l'agitant avec de l'eau, et l'exposant à une température assez basse pour figer la stéarine ; par la même opération on sépare l'oléine de la stéarine de toutes les autres graisses.

La stéarine, provenant des graisses de bœuf, de mouton, ou de porc, est blanche, insipide et inodore, lorsqu'elle n'a pas été exposée au contact de l'air ; elle est fusible à 44 c°, soluble dans 6,25 d'alcool bouillant, d'une densité égale à 0,795, et cristallisant en petites aiguilles.

2

Il y a entre les stéarines une variété de propriétés suivant la graisse d'où elles ont été extraites, surtout rélativement à leur degré de fusion, à leur solubilité dans l'alcool, et la quantité de matière saponifiée qu'elles donnent.

Ainsi dans la *stéarine humaine* fondue le thermomètre descendit à 41 C°, et remonta à 49.

La *stéarine de mouton* id.; il descendit à 40° et remonta à 43°.

La *stéarine de bœuf* id.; il descendit à 39°,5 et remonta à 44.

La *stéarine de porc* id.; il descendit à 38° et remonta à 43.

La *stéarine d'oie* id.; il descendit à 40° et remonta en une masse plane.

Sous le rapport de leur solubilité dans l'alcool; 100 parties de ce menstrue bouillant, et d'une densité égale à 0,7952 ont dissout, toujours d'après M. Chevreul :

de stéarine humaine . . . 21,50 parties.
— de mouton . . 16,07
— de bœuf. . . . 15,48
— de porc : . . . 18,25
— d'oie 36,00

Nous sommes portés à croire que cette différence de solubilité dans l'alcool pourrait bien reconnaître pour cause la présence de plus ou moins d'oléine que ces stéarines pourraient bien retenir. Les alcalis réagissent sur la stéarine et la décomposent. En effet, si l'on prend deux parties de potasse caustique, trois de stéarine, et douze d'eau, et qu'on les fasse chauffer dans un matras, elle se saponifie peu à peu, et se convertit en acides margarique, oléique, et le plus souvent stéarique, et en glycérine. L'expérience a démontré que toutes les stéarines ne produisaient pas une égale quantité de matière saponifiée ; ainsi 100 parties de stéarine saponifiée ont donné à M. Chevreul : celle

	graisse saponifiée.	matière soluble.
de l'homme	94,9	5,1
de mouton.	94,6	5,4
de bœuf	95,1	4,9
de porc	94,65	5,35
d'oie	94,4	5,65

La stéarine des graisses et celle des huiles ont été analysées par MM. Chevreul et de Saussure : voici le résultat de leurs recherches.

100 stéarine	carbone.	hydrogène.	oxigène.	azote.
de graisse de mouton	78,776	11,770	9,454	o
d'huile d'olive	82,17	11,238	6,301	0,296

Cette analyse offre un fait très curieux, c'est que la stéarine végétale est azotée, tandis que la stéarine animale ne l'est point, et qu'elle est beaucoup plus oxigénée et moins carbonée. Les arts se sont emparés de la stéarine ; on en fabrique des bougies qui se rapprochent beaucoup de celles que l'on fait avec la cire.

Acide stéarique.

Cet acide se forme par la réaction des alcalis caustiques sur la stéarine ; pour le préparer on fait bouillir 100 parties de saindoux, de graisse de mouton ou de celle de bœuf, avec autant d'eau et 25 de potasse caustique ; on agite de temps en temps la matière, en ayant soin d'ajouter de l'eau au fur et à mesure qu'elle s'évapore. Lorsque la saponification est complète, on sépare le savon de l'eau, et on le traite à froid par le double de son

poids d'alcool à 0,821 lequel s'empare de l'oléate
de potasse, sans presque attaquer les margarates
et les stéarates de cet alcali. Au bout de vingt-quatre
heures, on filtre la liqueur, en ayant soin de laver
le filtre avec de l'esprit-de-vin. On sépare le stéa-
rate des margarates en les traitant par l'alcool bouil-
lant et reprenant successivement le dépôt que forme
ce menstrue par de nouvel alcool également bouil-
lant. Par ce moyen le margarate se dissout totale-
ment, tandis qu'une partie du stéarate se précipite.
On met l'acide stéarique à nu en décomposant le
stéarate de potasse par l'acide hydrochlorique.

L'acide stéarique pur est blanc, sans odeur ni sa-
veur; il est plus léger que l'eau, se fond à 70° et
donne par le refroidissement, des cristaux en ai-
guilles brillantes, très blanches et entrelacées; il
rougit à chaud la teinture de tournesol; il est inso-
luble dans l'eau, et très soluble dans l'alcool à 70° c°.
Il s'y dissout en toutes proportions et s'en précipite
par le refroidissement en grandes écailles bril-
lantes. Cet acide brûle comme la cire.

Avec la potasse il forme un sel qui est, en petites
paillettes, ou en larges écailles brillantes, soluble
dans l'alcool, sans altération; l'éther bouillant lui
enlève une partie de son acide; il se dissout dans
vingt-cinq fois son poids d'eau bouillante; cette
dissolution étendue de mille fois son poids d'eau,
est décomposée: la liqueur retient un peu de stéarate
de potasse, et il se dépose un bi-stéarate insoluble,
qui est en petites écailles nacrées.

Avec la soude, il se produit un sel en plaques
demi-transparentes, ou en espèces de cristaux
brillans qui est soluble dans l'alcool, insoluble et
inaltérable dans l'eau froide : l'eau bouillante le
dissout. Lorsqu'il y a 2 ou 3,000 parties de ce li-
quide sur une de ce sel, il s'en opère la décompo-
sition, et tandis que la liqueur tient en dissolution
du sous-stéarate de soude, contenant, comme ce-

lui de potasse, fort peu d'acide, il se précipite du bi-stéarate de cet alcali.

L'acide stéarique pur est composé d'après M. Chevreul de

Carbone . . 80,145
Hydrogène . 12,478
Oxigène . . . 7,377
————
100,000

Acide margarique.

On trouve cet acide tout formé dans le gras des cadavres ; on le prépare en traitant la graisse de porc, ou mieux, la graisse humaine par la potasse. Cette dernière graisse est préférable, attendu qu'elle ne produit par cette réaction que des acides oléique et margarique, d'où l'on sépare aisément le premier au moyen de l'alcool.

L'acide margarique a un aspect nacré ; il fond à 60 c° et cristallise en aiguilles entrelacées, moins brillantes, et plus rapprochées que celles de l'acide stéarique ; il est insoluble dans l'eau, très soluble dans l'alcool, rougit les teintures de tournesol à chaud, et forme des sels qui se rapprochent beaucoup des stéarates.

Nous avons déjà dit que la proportion d'oléine et de stéarine variaient dans les huiles ; une analyse de toutes les diverses espèces ne pourrait qu'être du plus grand intérêt : nous allons, en attendant, faire connaître celles que M. Braconnot a données des huiles de colza, d'olive et d'amandes douces ; d'après ce chimiste 100 parties de chacune de ces huiles sont composées de

	matière grasse liquide analogue à l'oléine.	matière grasse solide analogue à la stéarine.
Huile de colza.	54	46
— d'olive.	72	28
— d'amandes douces.	76	24

Composition élémentaire des huiles.

Toutes les huiles n'ont point encore été ana-
lysées ; un pareil travail serait cependant bien in-
téressant, car il y a de grandes variétés dans les
huiles et dans leur composition ; MM. Gay - Lussac
et Thenard (1), ainsi que M. de Saussure, en ont
entrepris quelques unes que nous allons exposer
dans le tableau suivant.

NOMS des huiles analysées.	carbone.	hydrogène.	oxigène.	azote.
d'olive.............	77,21	13,36	9,43	0
d'amandes douces..	77,463	11,481	10,828	0,288
de noix..........	79,774	10,570	9,122	0,534
de lin...........	76,014	11,351	12,635	0
de ricin..........	77,178	11,034	14,788	0

La présence de l'azote dans les huiles d'amandes
douces et de noix, nous paraît provenir des sub-
stances étrangères qu'elles contiennent ; j'en ai
examiné, que j'avais dépurée par l'acide sulfurique,
sans y avoir rencontré aucune trace d'azote : un
pareil résultat nous paraît favorable à cette opi-
nion.

Nous avons cru, dans ces considérations géné-
rales sur les huiles, devoir nous étendre sur tout
ce qui se rattache aux recherches auxquelles elles
ont donné lieu, parce que écrivant dans un siècle
où les sciences ont fortement contribué aux pro-
grès des arts, il faut nécessairement mettre les arts
au niveau des sciences qui s'y rattachent : nous
avons donc suivi à la lettre cet utile axiome :

Indocti discant, ament meminisse periti.

(1) *Recherches physico-chimiques.*

SECONDE PARTIE.

EXAMEN DES HUILES DOUCES.

Huile d'olive.

L'OLIVIER , cet arbre précieux que les Grecs regardèrent comme l'emblème de la paix , est un des plus beaux présens que la nature ait fait à l'homme; il occupe un rang si distingué dans l'agriculture , l'économie animale'et les arts , que Caton , Varron , Columelle et Palladius n'ont pas craint de l'appeler *le premier de tous les arbres.* Les diverses espèces connues sous le nom générique d'*olea Europea* (1), en français *olivier*, sont distinguées par les Arabes sous celui de *zaiton* ou *saiton;* par les Allemands , d'*œlbaum ;* par les Espagnols, d'*olivo* et *aceituno ,* et par les Italiens d'*olivo domestico*.

Il est impossible d'assigner l'époque à laquelle l'homme fit la découverte de l'olivier et l'appliqua à ses besoins. Que la mythologie l'ait attribué à Minerve (2) et l'ait désigné comme l'emblème de la paix , je n'en suis pas surpris. La Grèce, qui fut le berceau des sciences et des arts, accorda l'immortalité à tous ceux qui se distinguèrent dans l'une ou dans l'autre carrière, ainsi qu'à ceux qui furent les bienfaiteurs de l'espèce humaine. Ils rapportaient toutes les inventions utiles à la divinité; il n'est donc pas étonnant qu'ils aient fait une pareille application de l'olivier. Les Athéniens étaient si convaincus de l'utilité de cet arbre, que l'Aréo-

---

(1) Linné, *Diandrie Monogynie.*

(2) On connaît le prix disputé par les dieux ; il serait superflu de rapporter ces détails.

page avait nommé des inspecteurs pour veiller à
leur conservation, et qu'ils rendirent une loi qui
défendait d'arracher, dans son propre fonds, plus
de deux oliviers par an. Les contrevenans étaient
condamnés à payer, pour chaque pied d'arbre,
cent drachmes au dénonciateur et cent autres au
fisc. (1)

Une autorité des plus respectables et des plus au-
thentiques est celle de l'Ecriture-Sainte, qui, en par-
lant du déluge, rapporte que la colombe, que Noé
fit sortir de l'arche, rentra portant à son bec une
branche d'olivier. Il est encore question de l'olivier
dans la Passion de Notre Seigneur Jésus-Christ.
C'est au jardin des oliviers qu'il offrit pour nous
son auguste sacrifice, et la montagne des olives
subsiste encore à Jérusalem. Suivant Eusèbe et
Diodore de Sicile, cet arbre est originaire de Saïs,
ville d'Egypte, d'où Cécrops le transporta dans
l'Attique (2). Quoi qu'il en soit de cette opinion,
nous savons que ce sont les Phocéens qui, après
avoir fondé Marseille, environ cinq cents ans avant
l'ère chrétienne, plantèrent sur les côtes de la Mé-
diterranée les différentes espèces qu'on y ren-
contre. Cet arbre utile à fixé l'attention de tous
les agronomes, et il en est qui l'ont étudié d'une
manière particulière : tels sont MM. de la Brousse
et Ferrier, dans des mémoires insérés dans le *Re-
cueil des édits de la province de Languedoc*, 1774 et
1775; Duhamel, dans son *Traité des arbres et des
arbustes*; Guis, dans son *Voyage en Grèce*, *Vettori,
delle lodi et della cultivazione degli ulivi*; l'abbé Rozier,
dans son *Cours d'agriculture*; et MM. de Labouïsse,
Barthez de Marmorières, père de l'Hippocrate fran-
çais, dans son *Traité de l'olivier*. Ce dernier ouvrage

---

(1) *Voyage d'Anacharsis*, in-4°, tom. III, pag. 191
et 192.
(2) *Ibid.* tom. I, pag. 4.

est pour ainsi dire classique, pour la contrée qui
le vit naître. (Narbonne.)

L'olivier est un arbre très délicat, qui se plaît
dans les pays tempérés, et mieux encore dans les
pays chauds (1). Aussi en Espagne et en Italie, ré-
siste-t-il mieux aux frimas, et l'emporte-t-il par
la durée de sa vie, sa beauté et la qualité de ses
produits, sur ceux de la lisière des côtes de la Mé-
diterranée. Ceux que les Espagnols transportèrent
au Pérou, et dans les environs de Lima, sont en-
core plus beaux que ceux d'Espagne et d'Italie, ils
vieillissent davantage, et donnent une huile meil-
leure et plus abondante. C'est un des arbres qui
craignent le plus les froids rigoureux. Aussi les
hivers de 1476, dont parle l'histoire de Languedoc;
ceux de 1607 et 1608, dont il est question dans
l'histoire de Montpellier; ceux de 1709, 1766,
1769, 1789 et 1794 enlevèrent la presque totalité
des oliviers.

On a agité la question si, à plus de quinze lieues
de la mer, les oliviers pouvaient croître ; pres-
que tous les agriculteurs ont été pour la négative,
d'après cette assertion de Théophraste, qu'ils ne
pouvaient pas vivre dans les terres éloignées de
quarante milles, distance que Columelle agrandit
de dix milles, ce qui fait cinquante. L'opinion de
Théophraste était aussi celle des Grecs, puisque le
savant Barthélemy dit qu'Euthymène l'avait émise
quarante-trois ans plus tôt. *On prétend*, dit-il, *que
les oliviers ne prospèrent point quand ils sont à plus de
trois cents stades de la mer.* L'expérience a cependant

---

(1) « Au premier rang de ces anciennes productions
de la terre, qui offrent encore quelque spéculation au
commerce, mais qui appuyées d'une bonne administration
deviendraient si florissantes, on doit placer l'olivier ; au-
cun climat, aucun terrain ne lui est plus propice que ce-
lui de Candie. » (*Voyage en Grèce*, par C.-S. Sonnini.)

démontré le contraire. Ceux qui croissent à Ty-
rano, dans la Valteline, dans le comté de Devon en
Angleterre, en sont un exemple (1); et pour citer
une expérience particulière, dit M. de Labouïsse,
mon père en avait deux très beaux et très produc-
tifs à Saverdun dans son domaine de *Coulommiers*,
qui périrent comme ceux du Bas-Languedoc, par le
rude hiver de 1789; cependant il faut convenir que
ces oliviers ne vivent pas aussi long-temps, ne
sont peut-être pas d'une aussi belle végétation, et
ne rapportent pas autant. Il en existe une lisière de
Narbonne à Rennes-les-Bains; arbres chétifs et ra-
bougris, ils n'ont presque de l'olivier que le nom.

Il est maintenant bien prouvé que parmi les
diverses espèces il en est de plus vivaces les unes
que les autres. Si elles étaient connues, l'agricul-
ture pourrait, dans les contrées éloignées de la
mer, s'enrichir de l'arbre de Minerve. Les agro-
nomes s'en sont beaucoup occupés, sans les classer,
sans les décrire, et la plupart des botanistes se sont
contentés de les comprendre sous le nom collectif
d'*olea sativa, olea europea*. Mais Bauhin, Magnol,
Tournefort, Garidel et surtout Goüan, se sont ar-
rêtés davantage aux principales; Linné ne parle
que de quatre; cela n'est pas étonnant. Cet illustre
botaniste habitait le Nord, il n'a pu par conséquent
bien observer les productions du midi, qui, d'ail-
leurs, pour l'olivier, n'ont presque reçu que des
dénominations françaises, prises de la grosseur et
de la forme du fruit. Il faut encore remarquer
qu'il croît dans des terrains particuliers, et ne se
trouve pas également partout. On pense même
que, transplanté souvent à dix lieues plus loin, il
ne réussit pas bien. Le département de l'Hérault

---

(1) M. Berthier, dans son *Traité de l'Olivier*, indique
d'autres exemples.

est peut-être celui qui en offre le plus grand nom-
bre et les plus belles variétés. Voici les plus connues.

1°. *Olea sativa majori, angulosa, oblonga, amygdali
forma.* Goüan ; *hortus regius monsp. olive amelodes,
amélenco ;* extrêmement grosse et très charnue ;
elle est particulièrement recherchée pour la table.
C'est une de celles que l'on confit à Gignac, où
l'on en fait un grand commerce.

2°. *Olea fructu maximo.* Inst. rei. herb. 795.
Cette espèce est désignée sous le nom d'olive d'*Es-
pagne,* d'*ampourdan* (*redounello*). Presque aussi grosse
que la précédente, de forme ovoïde, et aussi fort
recherchée.

3°. L'olive crête de coq (*cresto-dé-gal*). Cette es-
pèce paraît être la même que celle que Tourne-
fort a décrite dans l'ouvrage précité ; Inst. rei.
herb., sous le nom d'*olea fructa majori, carne crassa ;*
et que Cæsalpin appelle *olivæ regiæ ;* elle est aussi
grosse que la première, et terminée par le bout
opposé au pédoncule par une pointe en crochet ;
c'est la plus recherchée, la plus chère et la meil-
leure. Ces trois espèces craignent beaucoup les fri-
mas (*Olive luc*).

4°. *Olea fructu albo* de Tournefort ; *olive rose,* pe-
tite et de couleur tirant sur le blanc.

5°. *Olea fructu oblongo, atro-virente ;* Inst. rei. herb.
olive ginestale ; elle se rapproche de la *crête de coq,*
elle en diffère en ce qu'elle n'a point de crochet
au bout ; elle est aussi longue sans être aussi grosse ;
se confit aussi, mais seulement lorsqu'elle est noire,
ou pour mieux dire, en pleine maturité ; hors de
ce cas elle est de mauvais goût.

6°. *Olea fructu oblongo, olivæ oblongæ, atro-virente*
de G. Bauhin, *olive olivière.* C'est la plus com-
mune ; elle se trouve dans toute la Provence, le
Roussillon et le Languedoc ; c'est celle que Colu-
melle appelle *sergia.*

7°. *Oliva minora oblônga* (Goüan et Tournefort).
Olivæ minore (G. Bauhin pig. 472). *Olive picholine ;*

semblable à la précédente, mais de moitié plus pe-
tite. Cette variété est très commune, surtout dans
le Roussillon.

8°. *Olea precox* (Goüan). *Olive mauraude* ou *ni-
grale*, de la grosseur de l'olivière, et d'un vert ti-
rant sur le noir ; ses fruits sont précoces.

9°. *Olea media oblonga, fructu cormi*. Le *cormeau*
ou fruit de cormier.

10°. *Olea maxima subrotonda* (Goüan).

11°. *Olea minor, rotonda ex rubro et nigro variegata*
(Tournefort).

12°. *Olea media rotonda precox* (Tournefort).

J'ai eu occasion d'observer toutes ces espèces
dans le beau domaine de M. Ducros de Saint-Ger-
main, connu sous le nom de *la Briffaude*, et situé
dans le département de l'Hérault.

Les olives dites *amandes rondes* et *crêtes de coq*, sont
des espèces qui, quoique très charnues, ne don-
nent presque pas d'huile, la première surtout ;
aussi les oliviers qui les produisent ne sont-ils cul-
tivés que pour la préparation du fruit. La qua-
trième et la cinquième espèce en donnent un peu
plus ; enfin l'*olivière* est celle qui en fournit le plus
et de meilleure qualité ; aussi est-elle la plus ré-
pandue. La *pichouline* est, après elle, celle qui pro-
duit le plus d'une huile qui a une teinte verdâtre,
et un goût agréable. M. Barthez pense que si les di-
verses espèces ne viennent pas également sur toute
la côte, c'est que les frimas sont plus ou moins mor-
tels, suivant les lieux. Cela pourrait être vrai ; il me
paraît cependant qu'on en pourrait trouver une
autre cause. Une longue expérience ayant appris à
l'agriculteur quelles sont celles qui donnent le
plus d'huile, il a dû s'attacher de préférence à les
cultiver, et laisser les autres aux pays qui les ex-
ploitent pour les confire ; au reste, je n'émets cette
opinion que comme une hypothèse probable ; que
les agricoles du pays la jugent, je n'appellerai pas
de leur jugement.

De la culture de l'olivier.

Comme presque tous les arbres à fruit, l'olivier abandonné à la nature se détériorerait bientôt, donnerait peu de fruit, et de mauvaise qualité; aussi trouve-t-on dans les divers ouvrages d'économie rurale, d'excellens préceptes sur leur culture; je ne sais sur quel fondement l'Homère des Latins à dit dans ses Géorgiques : *Non est oleis ulla cultura ;* cette erreur est bien étrange chez un aussi grand poète, estimé autant par l'exactitude des faits (1) que par l'élégance, la grâce et la correction du style. L'expérience prouve que l'olivier non cultivé devient semblable à celui qu'on désigne par sauvage ; on doit donc le travailler une ou deux fois chaque année, ne commencer à le faire qu'après les fortes gelées, le fumer quand le besoin l'exige, et l'arroser lors des grandes sécheresses.

L'exposition au midi et au sud, est celle qui convient le mieux à cet arbre, et surtout les endroits abrités; ceux qui croissent sur les hauteurs, sont victimes des nombreuses variations de l'atmosphère, languissent et donnent peu de produits; on assure aussi que plus il s'éloigne de la Méditerranée, et moins il prospère. Le sol où il se plaît le mieux est celui qui offre un heureux mélange de terres calcaires, siliceuses et argileuses, cet arbre ayant quelque rapport avec la vigne, ainsi que je le dirai plus bas. Les terres trop fortes ou trop légères ne peuvent lui convenir (2).

---

(1) Sauf quelques préjugés agricoles, qui tiennent au temps où il écrivait.

(2) Ma famille possède une maison de campagne où l'on voit, dans une terre légère, un très bel olivet, dit la *Planasse,* qui ne rapporte presque pas de fruit, tandis

On a proposé divers moyens propres à multiplier les oliviers ; Caton et Columelle ont indiqué un procédé que M. Ferrier a reproduit dans le dix-huitième siècle ; il consiste à détacher des souches des oliviers, des morceaux de bois recouverts d'écorce propre à donner des yeux pour les rejetons, et de les enfouir dans la terre à un pied de profondeur. M. Barthez en a proposé un plus ingénieux, en employant de petits tronçons d'arbres (1). Depuis quelques années on fait des provins avec des branches qu'on enterre en partie, et qu'on sépare de l'arbre quand les racines ont poussé et sont assez fortes ; mais les rejetons qui croissent sur la souche des oliviers, offrent un moyen plus assuré ; et c'est la manière qu'on emploie pour les repeupler après les hivers rigoureux qui en ont opéré la mortalité. Tous les auteurs s'accordent à dire que dans ces circonstances l'arbre meurt, mais jamais les racines ; et qu'après qu'il a été coupé au niveau de la terre, il pousse bientôt plusieurs rejetons qu'on détache et qu'on transplante ailleurs. On a observé qu'à la place des arbres qui ont été tués par les froids, on trouve le plus souvent deux sujets et quelquefois trois ; on a vu plusieurs agriculteurs couper des oliviers peu vigoureux, afin d'obtenir plusieurs rejetons semblables ; on peut enfin semer des pépinières, mais ce dernier moyen est un peu trop long.

Il me reste encore une question à traiter ; peut-on employer à une autre culture les terreins consacrés aux olivets, ou doit-on se contenter de travailler

---

qu'à cent mètres de distance, un autre olivet, planté dans une bonne terre, et composé d'oliviers de la même espèce, est très fertile.

(1) On peut consulter son *Traité* avec avantage. Les bornes de cet Essai ne me permettent pas d'entrer dans tous les détails qu'un objet si intéressant exige.

l'arbre sans rien semer autour de lui ? Il est certain que dans les terres légères la récolte des grains est fort mauvaise, et nuit beaucoup à la production de l'olivier, comme celui-ci nuit à son tour à la production des céréales ; sous ce point de vue, il vaut mieux se contenter d'une seule récolte ; mais les olivets qui sont dans de bonnes terres, peuvent supporter cette concurrence plus utile et plus fructueuse à l'agriculteur. En général, les oliviers s'accordent mieux avec la vigne qu'avec les céréales.

De la taille.

Une des plus importantes opérations de la culture des oliviers, c'est la taille ; elle influe singulièrement sur leur production : cependant les agriculteurs ne suivent pas pour cela de règle fixe ; il en est qui les taillent chaque deux ou trois ans, d'autres tous les quatre ou cinq. Columelle conseille de ne le faire que chaque huit ans ; M. de la Brousse annuellement ; M. Barthez de deux en deux ans. En Roussillon, on suit une méthode opposée, qui est la collection de ces divers procédés. On taille l'olivier annuellement, mais le quart de l'arbre seulement, de manière qu'au bout de quatre ans on renouvelle tout le bois, lequel se trouve par conséquent toujours jeune. L'opération recommence et continue de quatre en quatre ans, ce qui réussit très bien dans ce pays, où les oliviers sont très beaux et très vigoureux. En Espagne, et principalement en Catalogne, dans les environs de Figuières, de Roses, de Mataro, de Reuss, de Barcelone, on les taille comme des saules, de manière que ces arbres sont constamment couverts de bois jeune. La température douce de ce climat s'accommode fort bien de cette taille, qui leur serait meurtrière dans le midi de la France.

De l'huile d'olive et de sa préparation.

La connaissance de l'huile d'olive remonte aux premiers âges du monde; on voit dans la Genèse que du temps d'Abraham on s'en servait pour les lampes (1); dans l'*Exode* (2) on lit aussi que Dieu ordonna à Moïse de faire une huile composée destinée à la consécration, dont nous donnerons connaissance des principes constituans. On trouve même dans le livre de Job un procédé pour fabriquer celle d'olive, qui ne diffère presque en rien de celui que l'on suit encore en Espagne et dans le midi de la France. Il en est beaucoup parlé aussi dans l'*Epître de saint Jacques*, par Tertullien, ainsi que dans saint Augustin, saint Cyprien, saint Jérôme, Eusèbe, etc. L'histoire rapporte que ce fut Cécrops qui, le premier, apporta de Saïs à Athènes l'olivier qui était cultivé de temps immémorial dans cette ville de la Basse-Egypte, et qu'il apprit aux Athéniens l'art d'en extraire l'huile; c'est par ce moyen, dit Hérodote, que l'usage en fut connu et propagé en Europe (3). Suivant toutes les traditions, l'Egypte est réputée comme le berceau des sciences et des arts, qui des Egyptiens passèrent aux Grecs, de ceux-ci aux Romains, et des Romains à tous les autres peuples. Cependant, malgré que l'usage de l'huile fût connu de temps immémorial en Egypte, il est démontré que les Grecs n'en avaient aucune notion pour l'éclairage, lors du siége de Troie : on n'a qu'à parcourir attentivement les écrits d'Homère pour se convaincre que l'emploi des lampes leur était inconnu, et que le Roi des rois, comme l'humble artisan, étaient éclairés par des torches de bois.

---

(1) *Genèse*, XV, 17.
(2) Chapitre 30.
(3) Lib. II, 59 et 62.

Les anciens retiraient deux espèces d'huile dès
olives, suivant qu'elles étaient encore vertes ou
mûres ; la première portait le nom d'omphacine.
Celle qui provient des olives noires ou bien mûres,
lorsqu'elles ont été bien préparées, est d'un jaune
doré, qui tire quelquefois sur le vert, surtout
quand elle est extraite de la variété connue sous le
nom de *picholine*, laquelle est très abondante dans
le Roussillon et une partie de la Catalogne. Quel-
quefois aussi cette couleur varie du jaune ambré
au jaune verdâtre, au jaune bleuâtre, et sa saveur
est douce et agréable ; elle a une légère odeur *sui
generis*, qui est agréable ; elle est onctueuse au
toucher ; elle est un peu trouble quand elle est ré-
cemment préparée, mais bientôt elle s'éclaircit et
devient transparente, ou, en termes de commerce,
lampante, en déposant un marc noirâtre très onc-
tueux, qui est composé d'huile et d'une matière
mucilagino-extractive qui donne des traces d'a-
zote. Le poids spécifique de cette huile est le même
que celui de l'huile de navette, c'est-à-dire de 0,913 ;
elle est insoluble dans l'eau et très peu soluble
dans l'alcool et l'éther ; elle bout au-dessus de
315 c°, et laisse sur le papier une tache qui ne
disparaît point par l'action du calorique : cette
propriété, qui lui est commune avec les autres
huiles fixes, la distingue des huiles volatiles. Ex-
posée à l'action du feu, une partie se décompose
et produit du gaz hydrogène percarboné, etc,
dont on fait un si bel emploi pour l'éclairage,
tandis que l'autre se volatilise dans un état d'alté-
ration tel, que sa couleur est plus intense, sa sa-
veur forte, et qu'elle est plus légère et plus fluide ;
c'est ce que les alchimistes appelaient *huile des phi-
losophes*. L'huile d'olive est solide à + 10 c° ; lors-
qu'elle reste exposée à l'air, elle rancit prompte-
ment ; et, ce qui est digne de remarque, c'est que
cette action est d'autant plus vive, que l'huile est

moins pure. Les acides, les oxides et les alcalis
agissent sur cette huile comme sur celles qu'on
appelle douces, à l'exception de celle de ricin, et
avec cette différence qu'elle donne avec la soude
des savons durs, tandis que ceux que cet alcali
produit avec les huiles extraites des graines oléa-
gineuses est mou : 100 livres d'huile d'olive sapo-
nifient environ 54 parties de soude caustique à 36.

Préparation de l'huile d'olive en Espagne.

Lorsque la fièvre jaune se déclara à Barcelone,
je m'y rendis et j'y restai jusqu'au mois de juillet
de l'année suivante pour attendre si elle s'y mon-
trerait de nouveau. Pendant ce temps je parcourus
avec soin ce beau pays, qu'aucun naturaliste n'a
encore exploité, quoiqu'il soit à nos portes. Au
pied des nombreuses mines qu'on trouve dans les
Pyrénées espagnoles, et leurs ramifications, le
voyageur découvre des plaines riantes qui forment
comme des forêts d'oliviers; leur culture y est très
soignée, mais l'exploitation de l'huile y est très
négligée : comme dans l'extrême midi de la France
l'ignorance et l'aveugle routine y repoussent toute
amélioration. Nous partageons sur ce point l'opi-
nion de M. le baron Dupin, qui, dans la carte où
il a classé les peuples d'après leur degré d'instruc-
tion, a donné à ces contrées une teinte noire.

Pour fabriquer l'huile d'olive, les Catalans les
cueillent dans leur état de maturité, c'est-à-dire
vers la fin d'octobre; lorsqu'elles ont acquis un
beau noir, ils les portent dans de vastes celliers,
souvent découverts, où ils les entassent : les olives
ne tardent pas à s'échauffer et à abandonner une
grande partie de leur eau de végétation, qui est
noirâtre; bientôt après elles se moisissent et ac-
quièrent une odeur forte et désagréable. Leur in-
dolence est telle, qu'ils n'opèrent l'extraction de

l'huile de ces olives, que plusieurs mois après :
j'en ai vu fabriquer encore au mois de juin avec dès
olives récoltées l'année précédente en octobre ;
aussi l'huile qui en provient a-t-elle généralement
une couleur verdâtre et un goût fort, que les
Espagnols préfèrent à l'huile douce, attendu
qu'il en faut moins pour donner de la saveur aux
alimens. Si l'huile d'Espagne était fabriquée avec
quelque soin, elle serait délicieuse ; les olives
étant portées au moulin, y sont traitées comme
dans le midi de la France. Nous renvoyons donc
le lecteur à ce que nous allons en dire.

Préparation de l'huile d'olive dans le midi de la France.

Les olives sont en pleine maturité dans le mois
de novembre, dans le midi de la France, et c'est
à cette époque qu'on cueille à la main celles qui se
trouvent sur les rameaux les plus bas, et que l'on
abat avec des perches celles qui se trouvent sur les
plus élevés. Comme ce pays est très venteux, il
arrive qu'avant leur cueillette et leur maturité le
vent en fait tomber plus ou moins ; les proprié-
taires ont soin de les faire ramasser ; et, quoi-
qu'elles ne soient point mûres, ils les conservent
pour les mêler avec les autres. Cette manière d'o-
pérer est très vicieuse, attendu que ces olives com-
muniquent à l'huile un goût qu'on appelle de
terre, et en altèrent la qualité. Pour qu'elles ne
soient point perdues, il vaudrait beaucoup mieux
en faire extraire l'huile à part, et appliquer cette
huile à l'éclairage. Au fur et à mesure que l'on
cueille les olives, on les porte dans un cellier, sur
le plancher duquel on a placé des sarmens recou-
verts d'un peu de paille, ou les y verse dessus ;
par ce moyen elles ne touchent point au sol, et
l'écoulement de l'eau de végétation se fait beau-

coup mieux. Ces olives, comme nous l'avons déjà
dit, s'échauffent, abandonnent une liqueur noi-
râtre et finissent par se moisir; les propriétaires
les gardent au cellier depuis quinze jours jusqu'à
un mois et demi, et cela à cause d'un préjugé que
nous allons tâcher de détruire. L'expérience leur
a démontré qu'un sac ou une comporte de ces
olives, ainsi fermentées, leur donnent une mesure
d'huile d'environ 26 livres, tandis qu'une même
quantité de fraîches n'en donne pas autant; mais
il existe ici une erreur qu'il est bon de leur faire
connaître. Il est vrai, comme l'observation le leur
a démontré, qu'un sac d'olives fraîches ne donne
pas une mesure d'huile, et qu'environ 37 sacs ne
donnent que 30 mesures; mais, d'un autre côté,
il faut considérer que ces 37 sacs, après avoir
perdu une grande partie de leur eau de végétation
et avoir fermenté, se trouvent réduits à 30, qui
donnent alors 30 mesures, ce qui revient au même,
et que dès lors c'est un moyen des plus vicieux d'al-
térer gratuitement la qualité de l'huile. On devrait
donc les mettre dans les celliers, en couches peu
épaisses, les remuer de temps en temps, et ne pas
les y laisser faire un long séjour. Dès que les olives
sont arrivées au moulin, on les dépose dans une
case connue sous le nom de *grunel*, pour y rester
jusqu'à ce que le tour du propriétaire soit arrivé
pour cette extraction; alors les olives sont placées
peu à peu sous une meule semblable à celle qui
sert aux tanneurs à pulvériser les écorces de chêne.
Quand elles sont réduites en pâte, on remplit de
cette pâte un certain nombre de cabas en esparterie
qui n'ont qu'une seule ouverture à la partie supé-
rieure; on les empile les uns sur les autres, sur
deux rangs, et l'on fait agir sur eux une forte
presse. Cette première huile est connue sous le
nom d'huile vierge; elle va se rendre dans de
grandes cuves en pierre, dites *trégos* ; on prend

alors ces cabas l'un après l'autre, et après en avoir
remué la pâte exprimée, on verse dans chacun
environ cinq litres d'eau bouillante, et on les sou-
met de nouveau à la presse. L'eau bouillante con-
tribue à opérer la séparation de l'huile d'avec les
substances étrangères auxquelles elle est unie dans
l'olive; elle arrive donc chargée d'huile dans les
mêmes cuves où repose la première huile, si on
n'a pas le soin de la mettre à part. On renouvelle
l'opération en pressant horizontalement les cabas
entre les mains, et émiettant aussi le tourteau. On
y verse ensuite de nouvelle eau bouillante, et l'on
fait agir le pressoir : enfin, on continue de jeter de
l'eau bouillante jusqu'à ce qu'elle n'entraîne plus
d'huile. Quand l'opération est finie, on met les
tourteaux dans des comportes, et on les brûle dans
les ménages; mais il est des moulins dits à *pressoir
fort*, comme celui de Montagnac, où l'on passe de
nouveau ces tourteaux à la meule, et l'on en ex-
trait par l'eau bouillante et le pressoir une huile
d'une qualité inférieure, mais très bonne pour
l'éclairage et pour faire du savon.

L'huile d'olive est tirée des cuves et portée dans
de grandes jarres en terre vernissée. L'eau qu'elle
surnage est comme laiteuse, et contient un peu
d'huile; on l'évacue dans une espèce de citerne
nommée *enfer*, où, par le repos, l'huile qu'elle tenait
en suspension s'en sépare, et vient nager à la sur-
face de l'eau : aussi les maîtres des moulins ne man-
quent pas, à chaque opération, de laver à l'eau bouil-
lante le pressoir et les cabas, afin d'augmenter
cette quantité d'huile qui reste à leur profit.

Quelques propriétaires croient s'être assurés
qu'en trempant les olives dans du bon vinaigre,
elles donnaient un dixième de plus d'huile. J'ai eu
occasion de voir plusieurs propriétaires des envi-
rons de Gignac, département de l'Hérault, qui
m'ont assuré qu'ils arrosaient leurs olives avec du

vinaigre, et que l'expérience leur avait démontré
que, par ce procédé, ils obtenaient beaucoup plus
d'huile. Il peut bien se faire que le vinaigre pro-
duise cet effet, en contribuant à dépouiller l'huile
du principe mucilagineux, comme opère l'acide
sulfurique employé dans la dépuration des huiles,
et dès-lors cela peut expliquer la plus grande
quantité d'huile obtenue par ce moyen. L'huile
d'olive des départemens de l'Aude, de l'Hérault
et des Pyrénées-Orientales, est susceptible de ri-
valiser avec les meilleures de Gênes et d'Aix.
Il suffit, pour cela, de ne pas mêler aux bonnes
olives celles que les vents ont fait tomber à terre
avant leur maturité. Nous blâmons fortement aussi
cette méthode vicieuse de les laisser pour ainsi dire
pourrir ; cela ne peut que détériorer la qualité.
Nous croyons il est vrai qu'un commencement
de fermentation peut contribuer à augmenter la
quantité d'huile ; mais nous conseillons de porter
les olives au moulin dès qu'elles ont abandonné
une partie de leur eau de végétation, et quand
elles commencent à s'échauffer.

Cette fabrication est susceptible de recevoir de
grandes améliorations, surtout du côté des pres-
soirs qui sont très défectueux ; on pourrait y sub-
stituer ceux que nous conseillons pour les graines
oléagineuses. Mais comme il en est plusieurs qui
sont spécialement appliqués à l'extraction de
l'huile d'olive, et pour lesquels les auteurs ont
obtenu des brevets d'invention, nous avons fait un
grand nombre de recherches pour les obtenir, avec
les planches qui en facilitent et la connaissance et
la construction ; nous espérons que nos lecteurs
nous sauront quelque gré des soins que nous nous
sommes donné ; nous ajouterons, en terminant
cet article, qu'outre la Provence, le Languedoc et
la côte de la rivière de Gênes, où se récoltent les
meilleures huiles d'olive, on en fabrique, mais

de moindre qualité, à Naples, dans la Morée,
dans quelques îles de l'Archipel, en Candie, en
quelques lieux de la côte de Barbarie, et dans quel-
ques provinces d'Espagne et de Portugal.

Extraction de l'huile d'olive par le procédé de M. Bory.

M. Bory, mécanicien à Béziers, a pris, en 1821,
un brevet d'invention pour l'extraction de l'huile
d'olive sans cabas; comme le terme de son brevet
n'est pas expiré, nous nous bornerons à faire con-
naître ce qu'en a publié la *Bibliothéque Physico-
économique* (1), janvier 1815, et les *Archives des dé-
couvertes* de la même année.

L'ancienne méthode d'extraire l'huile des pâtes
d'olives était reconnue vicieuse depuis long-temps;
1°. en ce qu'on était obligé de se procurer de l'é-
tranger, et surtout de l'Espagne, les cabas qui ren-
ferment la pâte d'olives; 2°. en ce qu'elle entraînait
une perte considérable d'huile, par l'insuffisance
des moyens de pression qui donnaient souvent lieu
à la rupture des cabas; 3°. en ce que les pres-

______

(1) Nous saisissons cette occasion pour recommander
à nos lecteurs la *Bibliothéque Physico-économique*, le plus
ancien journal sur les sciences, les arts et l'agriculture,
fondé en 1782, par MM. Deyeux et Parmentier, continué
par M. de Sonnini; il compte maintenant pour rédacteurs
les hommes les plus recommandables dans ces mêmes
parties; tels sont ce même M. Deyeux, ainsi que MM. Bory
de Saint-Vincent, Pelletan, Lassaigne, Tollard, Richard,
Lesson, Noisette, Delille, Civiale, Raspail, etc. Ce journal
est spécialement consacré aux découvertes et perfection-
nement de l'industrie nationale et étrangère, de l'écono-
mie rurale et domestique, de la physique, la chimie, la
médecine vétérinaire, etc. Le prix est de 15 francs par
an franc de port, chez Arthus-Bertrand, libraire, rue
Hautefeuille.

surées étaient trop longues, qu'elles exigeaient
beaucoup de bras.

Ces divers inconvéniens engagèrent plusieurs ar-
tistes à faire des recherches pour y remédier, et
M. Bory est un de ceux qui paraît avoir le
mieux atteint ce but : voici en quoi consiste son
procédé, qui, à la vérité, était déjà pratiqué dans
plusieurs industries, mais dont l'application à l'ex-
traction des huiles est nouvelle. M. Bory substitue
aux cabas, des sacs de toile ordinaire ou de treillis,
qui renferment la pâte, et qu'il place dans des cy-
lindres. Ces sacs sont ensuite pressés par des pis-
tons en bois dur qui sont descendus dans les cylin-
dres lorsqu'on met en jeu les pressoirs à vis, dont
on fait usage pour le pressurage ordinaire des
huiles. Dans les diverses contrées du midi, d'après
des expériences comparatives faites à Béziers, par
une commission spéciale nommée par le préfet de
l'Hérault, il a été constaté que le procédé de
M. Bory était non seulement plus expéditif que
celui qui était en usage, mais qu'il économisait
des bras, qu'il dispensait des cabas, et qu'il don-
nait un sixième d'huile de plus que par la mé-
thode ordinaire. L'auteur assure que lorsqu'on
sera bien au fait de l'application de son mécanisme,
cette augmentation de produit sera d'un cinquième
de plus. Cette méthode de M. Bory peut égale-
ment être appliquée à l'extraction de l'huile de
graines oléagineuses.

Voici maintenant les pressoirs et moulins pour
lesquels on a obtenu des brevets d'invention. Nous
regrettons de n'avoir pu obtenir celui de M. Mo-
liné, pris en 1816 pour quinze ans, sa publication
n'a pas encore eu lieu dans le bel ouvrage de
M. Christian sur les machines et instrumens par
brevet d'invention.

*Moulin de campagne à l'usage des proprié-
taires ruraux, et propre à extraire les huiles
des olives ; par M.* MARQUISAN. *(* Brevet
d'invention, tom. VII. *)*

Description du moulin.

Fig. 1re. Élévation, accompagnée de tous les détails du moulin.

Fig. 2e. Élévation de la presse.

a, bloc circulaire en maçonnerie, sur lequel repose le moulin.

b, meule gisante en pierre.

d, goujon avec vis, embâse et écrou, planté au centre de la meule gisante.

e, étrier en fer encastré dans la meule *c ;* il est percé, au centre, d'un trou pour recevoir le goujon *d.*

f, deux boulons avec écroux servant à réunir l'étrier *e*, le suspensoir *g*, et la petite roue d'engrenage *h.*

i, trémie où l'on met les olives.

k, chariot servant à ramasser la pâte autour du moulin, à la conduire sur le plan incliné *l*, et de là dans le baquet *m.*

n, écrou du goujon *d*, servant à empêcher que la graine ne soulève la meule supérieure.

Le suspensoir *g* est formé d'une barre de fer qui est entaillée dans la meule *c*, et percée de trois trous, l'un au milieu, pour recevoir le goujon *d*, et les deux autres pour les boulons *f.*

Les écroux des boulons *f* servent à élever plus ou moins, à volonté, la meule supérieure.

La roue dentée *h* du moulin engrène une autre grande roue dentée *o*, qui a quatre fois autant de dents qu'elle, et qui est portée par un arbre vertical *p*, mis en mouvement par le levier *q*, dont la

longueur est égale à une fois et demie le diamètre
de la roue *o*.

Le pressoir est une vis en fer A , *fig.* 2*, portée
par un banc de bois, de dimension arbitraire, posé
sur deux baquets, ou sur deux bras de bois scellés
dans le mur : la vis est plantée au milieu de ce
banc, et y est retenue en-dessous par une forte
tête ; son écrou B est une croix formée de deux
bandes de fer de quinze centimètres de longueur,
dont le bout de chacune est relevé à angle droit :
c'est dans cette partie verticale de l'écrou que vient
s'engager le levier employé dans la pression de la
pâte, qui se fait ainsi par attraction.

Sur le milieu du banc est encore placée une
cuvette de fer-blanc, traversée par la vis : c'est
dans cette cuvette que s'empilent les cabas chargés
de la pâte des olives, traversés également par la
vis, et que s'écoule le liquide que la pression
extrait de la pâte.

Un vase , en espérance , est disposé pour rece-
voir ce liquide.

Manière d'opérer.

Après avoir cueilli les olives , on les dispose par
tas , pour leur faire acquérir, par la fermentation,
le degré de chaleur nécessaire à la plus abondante
extraction de l'huile ; le premier de ces tas , arrivé
à ce point, on le passe au moulin.

Si l'on veut avoir séparément l'huile, provenant
de la pulpe du fruit, il suffit de donner au moulin
assez de jeu pour que le noyau de l'olive en sorte
tout entier : par ce moyen, l'huile de l'amande est
séparée de l'huile de la pulpe.

La pâte de cette première passe sera mise sous
al presse pour en faire sortir l'huile, et les grignons
qui en résulteront seront amoncelés en réserve.

Lorsque toute la récolte sera ainsi passée, ce qui
aura donné une bonne huile vierge , les grignons

seront repris et mis en repasse dans le moulin, qui, dans ce cas, devra avoir bien peu de jeu, pour que la seconde pâte soit déliée le plus possible.

On est assuré de la perfection du moulin quand les produits qu'il donne proviennent de la partie la plus moulue des olives.

Pressoirs à huile, *du département des Bouches-du-Rhône*, par M. SINETTI.

On trouve dans le Bulletin de la société d'encouragement pour l'industrie nationale (1re. année, floréal an XI), une note de M. Sinetti sur les pressoirs à huile d'olive, que nous allons faire connaître. Ceux que l'on emploie à Marseille, ainsi que les procédés d'extraction de l'huile d'olive, sont à peu près les mêmes que ceux d'Aix. Dans ces moulins à huile, les vis des pressoirs sont mises en mouvement au moyen d'une longue barre qui entre dans un trou pratiqué à leur tête ; et que font mouvoir plusieurs hommes ; leur mauvaise construction les rend très défectueux ; voici un perfectionnement que l'on doit à un propriétaire de Marseille.

Son pressoir, au lieu d'être enchâssé dans le mur en chapelle, est placé au travers du moulin, de manière qu'on peut le servir autour. Les vis, qui sont au nombre de trois, sont d'un tiers plus fortes que celles des pressoirs ordinaires ; elles ont aussi une tête plus forte du double, cerclée de trois forts cercles de fer, et percées de quatre trous pour recevoir deux barres de presse ; au lieu que les vis ordinaires ne sont percées que de deux trous, et ne sont mises en mouvement que par une seule barre.

Au moyen de ces trous, pratiqués sur chaque face de la tête des vis, on se sert d'une barre de chaque côté ; les hommes qui poussent à ces barres, tournent comme au cabestan.

On sent que de cette manière, la vis se trouvant au centre du mouvement des deux barres, fait le double d'effet que celle du pressoir à une seule barre par-devant, qui ne fait d'effet qu'à une seule extrémité, et sur une seule face de la tête de la vis; elle a de plus l'avantage de faire descendre perpendiculairement sur les câbles. La vis, plus forte, plus pesante, est mieux assujettie, ce qui divise également la pression, avantage précieux que n'ont pas les vis à une seule barre, qui prennent toujours une direction oblique pour peu qu'elles aient du jeu dans la barre. De cette manière la pâte se presse inégalement, et l'huile en est plus incomplètement extraite. Les vis de ce nouveau pressoir ont l'avantage sur les autres, outre leur force et leur pesanteur, d'être tournées au petit pas, de sorte qu'elles ont vingt-quatre cordons, tandis que les autres n'en ont que douze à quinze ; ce qui, en rendant la pression plus lente, augmente beaucoup la force ; le marc qu'on en retire est tellement sec, qu'en le rompant dans les mains il se pulvérise.

Procédés et machines propres à extraire l'huile des olives, par M. FAVRE, *de Marseille.* (Brevet d'invention.)

M. Favre a obtenu en 1812, un brevet d'invention de cinq ans, pour des machines et des procédés qui se trouvent décrits dans le tome VI du curieux ouvrage de M. Christian, intitulé : *Description des machines et procédés spécifiés dans les brevets d'invention, de perfectionnement et d'importation dont la durée est expirée.* Nous allons les faire connaître :

Description de la presse.

Cette presse, représentée sur ses pieds, *fig.* 3e, est composée principalement d'une cage A, d'une vis B, d'un écrou C, qui sert de guide à la vis, et d'une *maye* ou *maître* H, vue en plan, *fig.* 4e, sur laquelle on dispose les *scortins* I, contenant les matières destinées à être pressurées.

Le balancier ou levier, *fig.* 5e, de seize pieds de long, s'ajuste sur le carré S de la vis B, situé à la hauteur de la poitrine des hommes, qui sont placés à chacune des extrémités du levier pour lui imprimer le mouvement.

K, traverse supérieure de la presse représentée en plan, *fig.* 6e; elle est percée dans son milieu d'un trou L, pour le passage du prolongement de la vis B.

La vis B, porte une bague M, de repos, fixée par des vis, et pouvant s'enlever au besoin; l'objet de cette bague est d'empêcher la vis de descendre, et de supporter cette vis, l'écrou avec sa cage et le levier.

Dans cette presse la vis reste en place, c'est l'écrou qui monte et descend, selon qu'on tourne à droite ou à gauche.

Fig. 7e, plan de l'écrou en cuivre, contre lequel sont ajustées deux pièces N, *fig.* 3e et 8e, entre lesquelles se trouvent l'écrou et la vis; l'écrou pourrait être taillé à six pans, et les deux pièces N seraient remplacées par six autres pièces plus minces, qu'on fixerait par des vis contre les pans de l'écrou, aussi-bien qu'à la traverse DE, vue en plan, *fig.* 9e, percée d'un trou de la forme de l'écrou, qu'elle embrasse et tient en respect; ces six pièces ou montans, seraient, comme le sont les deux pièces N, fixées au plateau FG, vu en plan, *fig.* 9e; de cette manière, elles formeraient une cage solide, au centre de laquelle serait la vis B.

O, *fig.* 3e, conduit par où sort l'huile.

P, traverse inférieure de la presse, vue en plan, *fig.* 11e.

La cage doit être enterrée dans une bonne maçonnerie, jusqu'à peu près la hauteur de la surface supérieure de la maye H. Un trou est pratiqué en terre à l'endroit du conduit O, pour y placer le broc qui reçoit l'huile.

Les montans de la cage doivent être fixés solidement, à leur partie supérieure, à des solives appuyées sur des murailles; sur ces solives sera disposé un plancher circulaire, où marcheront les personnes chargées de tourner la vis.

Pour empêcher le balancier de fléchir, à chacune de ses extrémités sera ajusté un cylindre appuyant sur une balustrade, qui régnera au pourtour du plancher circulaire, et qui s'élevera à la hauteur du balancier.

Calcul des forces établi sur la formule reçue en mécanique; que, *si une puissance presse à l'aide d'une vis, la puissance sera à la résistance, comme la hauteur d'un des filets de la vis est à la circonférence du cercle que décrit la puissance appliquée au levier qui fait mouvoir cette vis.*

Deux hommes appliqués au levier, *fig.* 5e, l'un à l'extrémité de droite, l'autre à l'extrémité de gauche, appliquent chacun, soit qu'ils tirent, soit qu'ils poussent, une force d'au moins quatre-vingts livres; les deux forces réunies donnent cent soixante livres. Si le filet de la vis a six lignes de hauteur, la puissance sera, pour huit pieds de rayon, mille neuf cent trente quintaux, puissance dix fois trop grande pour l'objet qu'on se propose; mais on peut, si l'on veut, retrancher un tourneur, comme on sera libre d'en ajouter s'il le faut. On pourra aussi allonger ou raccourcir le levier, ce qui, en général, permettra de n'employer que la force suffisante.

Cette presse est propre à extraire toute l'huile des olives ; on peut l'employer à l'extraction des huiles de noix et autres, employées dans la draperie, la toilerie, etc.

Pour faciliter à chaque propriétaire rural les moyens de faire son huile comme il fait son vin, on peut établir sur les mêmes principes de petites presses ; seulement elles ne pourront, comme les grandes, se fixer au plancher ; mais on leur donnera la solidité nécessaire, en donnant plus de force aux montans de la cage, et en les fixant plus solidement et plus avant dans la maçonnerie. Dans ces petites presses, les ouvriers qui feront mouvoir la vis marcheront sur le plan du rez-de-chaussée.

Moulins à broyer des olives.

Ce moulin vu en plan, *fig.* 12ᵉ, n'est autre chose qu'un mur circulaire élevé de deux pieds, sur lequel règne une rigole en pierre froide, d'un pied de profondeur, dont le fond est plat et les bords sont évasés.

Au centre du moulin s'élève verticalement un arbre fixe B, à la hauteur du centre de la meule C ; cette meule, en pierre dure, d'environ quatre pieds de diamètre sur un pied d'épaisseur, taillée bien cylindrique, doit entrer dans la rigole, de manière à l'emplir exactement et à éprouver un léger frottement sur ses bords.

Pour que la meule C soit parfaitement ronde, il conviendra, quel que soit son poids, de la tourner sur un tour ; on pourra le faire à la manière dont tourne la meule du lapidaire, ou la table du potier de terre.

Au centre de la meule, percée exactement, on ajustera un œil en fer qui portera intérieurement, si on croit nécessaire de diminuer le frottement, trois cylindres en cuivre, entre lesquels passera l'axe D de la meule; trois cylindres semblables pourront être placés au centre du moulin, pour recevoir le pivot de l'axe de la meule.

Il serait peut-être préférable de substituer le fer fondu à la pierre froide, dans la partie intérieure de la rigole, et de faire usage d'une meule de ce métal; mais alors il conviendrait que cette meule fût creuse et qu'elle fût remplie de maçonnerie, pour éviter la trop grande pesanteur, et économiser la fonte.

Le fer fondu aurait l'avantage de ne pas boire l'huile et d'éviter les écoulemens.

Coupe ou moulin à sang.

Dans les anciennes *coupes* ou moulins à sang, le cheval était placé sur le sol, et la ligne de tirage se faisait à la hauteur de l'axe de la meule; je trouve préférable de le placer sur une galerie disposée pour cet effet, à environ cinq pieds et demi au-dessus du sol; et de lui faire parcourir un plus grand cercle que celui qu'il parcourt ordinairement. J'ai trouvé aussi qu'il était plus avantageux, dans les coupes à eau et dans celles à lanternes, que les meules jumelles fussent plus écartées l'une de l'autre, et qu'elles décrivissent de plus grands cercles qu'elles ne le font ordinairement.

Coupe employée par les Hollandais pour réduire en poudre les bois de teinture, et que je propose pour broyer les olives.

Cette coupe, vue en plan, *fig.* 13e, est un plan circulaire d'une grandeur variable à volonté; son pourtour est un bord un peu évasé, d'un pied de haut : au centre est un cylindre A, qui s'élève jusqu'au centre des meules B, C, pour recevoir le pivot de ces meules; les axes des meules portent chacun un filet angulaire et fin; ils se réunissent

en D, où ils ne forment qu'un seul et même pivot,
et sont liés à leur extrémité extérieure par une
traverse E F, au milieu de laquelle on attache le
cheval. Au centre de chaque meule est un écrou,
qui engrène le pas de vis placé sur son axe, de
manière que le cheval ayant fait un tour, l'une
des meules est parvenue à la circonférence, pen-
dant que l'autre est arrivée au centre; on ramène
les meules à leur première position en faisant mar-
cher le cheval en sens inverse; pendant ce temps,
les meules ont parcouru chacune toute la surface.

Chaque meule porte un rateau à dents très fines
ayant pour objet de remuer les olives sans les
amonceler, seulément elles les changent de posi-
tion pour que les meules en passant dessus les ré-
duisent toutes en pâte.

Espérance.

L'*espérance* ou cuvier en bois, en forme de ton-
neau défoncé, servant à recevoir l'huile au sortir
du pressoir, sera doublé intérieurement en étain
fin, tôle étamée ou fer-blanc, descendra jusqu'au
fond du cuvier; on versera de l'eau froide ou
chaude. et l'huile, en s'élevant, dégorgera d'elle-
même par un canal pratiqué à un pouce au-dessous
de la gorge du cuvier, à un autre récipient.

On peut encore opérer cette soustraction, en
gonflant avec un soufflet, pareil à celui employé
pour soutirer le vin, des vessies retenues au fond
du cuvier.

Partage des huiles.

Deux récipiens mis sur leurs bases, au moyen
d'un robinet, se communiquent l'un à l'autre;
l'huile sortant de l'espérance remplira ces réci-
piens, elle s'y trouvera également partagée et me-
surée en quantité et qualité par la loi de la gravité

des corps et des fluides, et par celle des mesures
de capacité des vases.

De la jarre à l'huile (fig. 14°).

Un collier en fer *a* enveloppera la gorge de la
jarre *b*; il sera doublé en peau ou en carton pour
prévenir la fracture. Deux espèces d'anses en fer *c*,
s'élevant à trois ou quatre pouces au-dessus de la
jarre, seront terminées par des anneaux *d*, dans
lesquels passera une traverse en fer *e*, au milieu
de laquelle est un écrou dans lequel descend une
vis qui va presser le couvercle sur la jarre. Entre
le couvercle et la jarre il y aura une rondelle en
liége, en carton ou en papier, pour intercepter
l'air, un robinet *f* en étain fin sera placé au bas
de la jarre pour soutirer l'huile; mais comme
l'huile ne coulerait pas si la jarre était hermétique-
ment fermée, on fera un trou sur le couvercle
pour recevoir une cheville; ce trou sera intérieu-
rement bouché par une plaque en fer percée de
petits trous.

Le couvercle et le robinet seront fermés avec un
cadenas.

Des tonneaux, barriques et barils.

M. Favre propose de doubler les barils, barri-
ques et tonneaux, en étain fin, en tôle étamée, ou
en fer-blanc; ils sont ainsi propres à conserver
l'huile, le vin, l'eau-de-vie, l'eau potable pour la
navigation, etc.

La bonde sera fermée avec un cadenas ou une
serrure; il sera bon de tourner sur le tour, l'in-
térieur des tonneaux, afin que la bordure joigne
dans tous les points aussi exactement qu'il est à
désirer.

Les caquiers ou enfers.

Ce réservoir souterrain, où se rendent les eaux qui s'écoulent des espérances, après que l'on en a extrait toutes les bonnes huiles, est dispendieux et vicieux. Il vaudrait mieux établir un fossé qui aurait en profondeur la hauteur d'une jarre, et d'une contenance d'environ six à huit jarres ; une légère muraille retiendrait les terres sur les côtés du fossé.

Pour dégager l'eau, il y aurait une communication établie entre les jarres au moyen d'un tuyau qui partant du fond du vase arriverait à quelques pouces au-dessus de sa gorge ; de là, il communiquerait à la seconde jarre, munie d'un semblable tuyau, et ainsi de jarre en jarre.

Addition.

Dans la presse que M. Favre a décrite, c'est l'écrou qui descend pendant que la vis ne fait que tourner sur place. Dans la nouvelle presse, vue en élévation, *fig.* 15, c'est au contraire l'écrou a qui tourne sur place pendant que la vis b descend.

La puissance qui donne le mouvement est toujours placée au-dessus de la cage ; mais elle s'applique à la vis.

c, traverse servant à maintenir la vis b dans la position verticale ; elle est percée au milieu d'un trou garni d'un écrou en cuivre, du même pas que la vis, ce qui permet de la monter plus ou moins haut.

d, autre traverse pareille à la traverse c, excepté qu'elle n'a pas d'écrou au milieu ; elle sert comme cette dernière, à maintenir la vis dans sa position verticale.

Cette presse se trouvant consolidée par la traverse $e\ d$, toutes les parties qui la composent pourront être moins matérielles que celles de la première presse. La traverse supérieure e de la

cage pourra être de deux pièces, solidement assem-
blées par le boulon *f*.

De la sophistication de l'huile d'olive et des moyens propres à la reconnaître.

L'huile d'olive, tant à cause de sa supériorité comme aliment que par sa propriété de former des savons durs, et d'être un usage plus général dans les arts que celles des graines oléagineuses, est d'un prix beaucoup plus élevé que celle de ces mêmes semences, si l'on en excepte l'huile de ricin qui est beaucoup plus chère, ainsi que celle d'amandes douces. Sa sophistication ne peut donc avoir lieu qu'avec des huiles d'un prix inférieur ; c'est aussi avec celles-ci que la fraude a lieu, et principalement avec celles de colza et d'œillet surtout. Il a été long-temps impossible de reconnaître cette sophistication. M. Poutet de Marseille, est le premier qui nous en ait fourni les moyens, en découvrant la propriété dont jouit le nitrate de mercure de solidifier exclusivement l'huile d'olive. Voici la manière d'opérer. On fait dissoudre 7 parties de mercure dans 7 et demi d'acide nitrique à 30°, on mêle huit grammes de cette dissolution (2 gros) avec quatre-vingt-douze grammes (2 onces 7 gros) d'huile d'olive, et l'on agite de temps en temps. Environ deux heures après l'huile offre une masse jaune surmontée d'une croûte blanche qui est solide le lendemain. Si l'huile d'olive contient $\frac{1}{16}$ d'huile d'œillet, la masse sera moins dure.

Si elle en contient $\frac{1}{10}$, sa consistance sera celle d'une huile figée ; en un mot, le nitrate acide de mercure solidifie l'huile d'olive et change peu celle des autres graines.

Depuis, M. Rousseau a présenté à l'Académie royale des Sciences un appareil électrique, qu'il a nommé diagomètre, et qui est un excellent moyen

pour reconnaître la pureté de l'huile d'olive. La
force motrice de cet appareil réside dans une pile
partagée en plusieurs sections qui amènent à un
degré de tension voulue. Un des pôles touche un
sol et fait réagir l'électricité sur l'autre qui est
isolé. Dans l'autre partie de l'appareil est une légère
aiguille aimantée dans le plan du méridien magné-
tique pris comme O d'un cercle gradué. Si, par
un excitateur, on met en rapport ce système vers
le pôle isolé, l'électricité alors agissant sur l'ai-
guille et sur le conducteur qui l'avoisine, la pre-
mière chargée d'un fluide de même nature, éprou-
vera aussitôt une déviation proportionnelle à la
force propre de la pile. Mais si, au lieu de toucher
le disque, on y interpose un corps dont on veuille
éprouver la conductibilité, l'aiguille restera sta-
tionnaire ou déviera, suivant la nature des sub-
stances interposées. C'est d'après la vitesse de son
écartement, et le temps qu'elle mettra à arriver
au terme de tension qu'on devra déterminer le de-
gré d'isolement. Avec cet appareil, M. Rousseau a
reconnu que, de toutes les huiles animales ou vé-
gétales, celle d'olive possédait seule la propriété
bien caractérisée d'être très difficilement perméa-
ble au fluide électrique. Cette propriété est telle
qu'elle conduit l'aiguille 700 fois moins vite que
les autres, qui ont cependant entre elles des dif-
férences qu'on peut rendre appréciables. Il suffit,
en effet, de verser dans cent gouttes de cette
huile, deux de celle d'œillet, ou de faîne, pour im-
primer à l'aiguille une vitesse quadruple. Sous ce
point de vue, le diagomètre est un instrument pré-
cieux pour reconnaître la sophistication de l'huile
d'olive et déterminer même la quantité d'huile
étrangère qu'on y a ajoutées. On peut voir la gra-
vure de cet appareil dans ma physique amusante.

5

Huile d'onction ou de légitimité.

Cette huile, qué Moïse avait composée pour
l'onction et la consécration du roi, du souverain
sacrificateur, et de tous les vaisseaux sacrés, se pré-
parait (Exode, chapitre 3o) avec l'huile d'olive,
la myrrhe, le cinnamome, et le calamus aromati-
cus ; elle était gardée précieusement de génération
en génération, dans le lieu très saint. Chaque roi
n'était pas oint, mais seulement le premier de la
famille, tant pour lui-même que pour les suc-
cesseurs de sa race. Il ne fallait pas d'autre onc-
tion, à moins qu'il ne s'élevât quelque difficulté
touchant la succession, auquel cas celui qui l'avait
recueillie, quoiqu'il fût de la même famille, recevait
l'huile d'onction ; après cette cérémonie personne
n'était en droit de lui disputer son titre.

Huile d'amandes douces.

C'est du fruit de l'amandier, *amygdalus commu-
nis,* L., qu'on extrait cette huile.

L'amandier croit naturellement en Afrique : on
le cultive en Espagne, en Italie et en France,
principalement dans les départemens de l'Aude,
de l'Hérault et des Pyrénées-Orientales. Cet arbre
offre deux variétés principales ; l'une à amande
douce, et l'autre à amande amère : chacune d'elles
a des sous-variétés qui sont établies par la forme
plus ou moins grosse et plus ou moins oblongue,
ainsi que par la dureté de leur coque. Les amandes
douces et à coques tendres, sont connues sous le
nom d'*amandes de dame :* on les cultive principale-
ment à Gigean, Montagnac, Pezenas et l'Hérault.
Les amandes amères se récoltent plus particulière-
ment dans l'arrondissement de Narbonne. Dans
les villages qui l'avoisinent, toutes les haies sont
garnies de ces amandiers, et même les chemins.

Cette espèce d'amandier croît presque naturelle-
ment dans la contrée précitée : il résiste aux grands
froids ; mais les récoltes qu'il donne sont très in-
certaines. Comme sa floraison est très précoce, il
arrive que s'il survient quelques petites gelées,
pendant qu'il est en fleur, tout est perdu. On
cueille les amandes vers la fin du mois d'août,
quand on voit que le péricarpe étant presque sec,
s'ouvre de lui-même. Quand on les a cueillies on
les en débarrasse et on les expose à l'air pendant
deux ou trois jours pour en achever la dessica-
tion. Les agriculteurs vendent les amandes au com-
merce sans en enlever les coques, parce que l'ex-
périence leur a démontré qu'elles se conservent
mieux sans se rancir, et sans que le ver les attaque.
Nous avons connu un spéculateur qui en avait dé-
pouillé de leurs coques cent quintaux ; n'ayant pu
les placer elles furent presque entièrement dé-
vorées par les mites en moins de deux ans. L'amande
amère, dépouillée de sa coque, donne, pour terme
moyen, vingt pour cent d'huile, c'est-à-dire un 5me.
M. Boullay s'est livré à l'analyse des amandes amères ;
cent parties lui ont donné :

Pellicules contenant un principe astrin-gent.	5
Huile.	54
Albumine jouissant de toutes les pro-priétés de l'albumine animale.	24
Sucre liquide.	6
Partie fibreuse.	4
Eau.	3,5
Gomme.	3
Perte et acide acétique.	0,5

M. Proust avait considéré l'émulsion des amandes
comme étant analogue au lait des animaux. L'ana-
lyse de M. Boullay semble confirmer cette ana-
logie.

M. Vogel a obtenu, par l'analyse des amandes amères, des produits semblables à ceux qui ont été retirés des douces par le chimiste français.

Extraction de l'huile.

L'extraction de l'huile d'amandes douces est des plus simples. On doit d'abord choisir les amandes saines, non vermoulues, récentes, autant que possible, et rejeter celles qui sont rances. Après les avoir séparées soigneusement des impuretés qu'elles peuvent contenir, on les introduit dans un sac qu'on remplit à moitié, et on les agite fortement et pendant quelque temps, afin de détacher cette poussière jaune qui recouvre la pellicule : on les crible ensuite pour l'en séparer. En cet état, on les pile dans un mortier jusqu'à ce qu'elles soient réduites en pâte, ou bien on les met en poudre au moyen d'un moulin à bras. On prend cette pâte ou cette poudre; on la place sur un carré de toile forte, que l'on replie sur lui-même, et on la soumet à l'action graduée d'une forte presse, entre deux plaques légèrement chauffées; car l'expérience a démontré que lorsqu'elles le sont un peu trop elles disposent l'huile à rancir. L'huile ainsi obtenue doit être filtrée de suite, et soigneusement conservée à l'abri de l'air; par le filtre on la dépouille d'une partie de son mucilage. Je suis parvenu à l'en séparer en plus grande quantité et à la conserver plus long-temps sans se rancir, en l'agitant pendant quelque temps, avec trois fois son poids d'eau tenant en dissolution un vingt-cinquième d'hydrochlorate de soude. L'huile d'amandes douces bien préparée et extraite des amandes qui ne sont point amères, est d'un jaune doré, ayant une légère odeur et saveur des amandes; elle rancit facilement et se fige à $6 + o$ C°.

Les parfumeurs enlèvent la pellicule des amandes,

au moyen de l'eau bouillante, avant d'en extraire
l'huile : par ce procédé elle est plus blanche.

Les amandes amères, traitées par la méthode
que nous venons de décrire, produisent une huile
en tout semblable à celle des amandes douces; car,
quoiqu'elles donnent à la distillation de l'acide hy-
drocyanique et une huile âcre et très-amère, il est
bien reconnu que ces deux principes sont unis
au parenchyme du fruit, et non à l'huile douce.
En effet, cette huile ne donne aucun indice de ces
deux substances, tandis que le marc délayé dans
l'eau, exhale une odeur forte d'acide hydrocya-
nique. M. Planche a fait une observation qui vient
à l'appui de cette assertion ; c'est que si l'on plonge
les amandes amères dans l'eau bouillante, pour en
enlever la peau, et qu'avant de les passer au mou-
lin et de les soumettre à la presse, on les fasse
sécher à l'étuve, l'huile obtenue a une odeur hy-
drocyanique bien caractérisée.

Dans plusieurs villes du midi de la France, et
principalement à Montpellier, on retire des aman-
des de l'abricotier une huile analogue à celle des
amandes douces, et que l'on vend comme telle dans
les pharmacies. On peut en extraire de semblables
des amandes du pêcher, du prunier, etc. (1)

---

(1) Il paraît que l'huile de noyau d'abricot est fabriquée
en grand dans la Chine, puisque le père d'Incarville
écrivit de Pékin, le 15 novembre 1751 (*Abrégé des tran-
sactions philosophiques, mélanges, observations et voya-
ges*), que les abricotiers n'y sont cultivés que pour ce
noyau, dont on fait une huile excellente pour brûler :
« Nous nous en servons, ajoute-t-il, en salade. »

Huile d'Arachide, pistache de terre, noisette de terre, cacahuata des Espagnols, et arachis hypogea de Linné.

Cette plante paraît être originaire de l'Inde; elle était connue depuis long-temps des botanistes, avant que les agronomes se fussent attachés à la cultiver. L'Espagne est une des premières contrées d'Europe où on l'ait semée, moins pour en manger les fruits que pour en extraire l'huile. On la cultive à la Caroline et dans tous les pays situés entre les tropiques; les nègres en sont très friands, ils les mangent comme des noisettes; ils les sèment au commencement du printemps dans le sable qu'ils se contentent de gratter.

L'arachide offre deux variétés bien distinctes, l'arachide de l'Inde et l'arachide d'Afrique. Nous allons les faire connaître successivement.

Arachide de l'Inde.

Les feuilles de cette variété sont d'un vert jaunâtre; son légume est court et ne contient qu'une ou deux semences, lesquelles sont arrondies et enveloppées d'une pellicule blanchâtre; elle est mûre au mois d'octobre; elle se plaît dans les sols légers et pierreux, et même dans les argileux; elle s'acommode de toutes les expositions et donne des produits plus abondans que la suivante.

Arachide d'Afrique.

Ses feuilles sont d'une couleur verte sombre; les légumes sont longs et renferment trois semences, et parfois quatre; elles sont oblongues et rouges en dehors; elles ne mûrissent pas toutes en octobre; le froid en empêche de mûrir environ un huitième. Ces semences sont plus grosses et supérieures en poids à celles de l'Inde; elles aiment une exposition au levant ou au midi, et si le terrain où on les sème n'est pas léger et pierreux ou calcaire, les légumes ne réussissent pas bien. L'arachide de l'Inde fut introduite pour la première fois en Espagne, en 1780, par l'archevêque de Valence. En France, quoiqu'on en eût déjà semé dans quelques jardins, sa véritable introduction paraît due à Lucien Bonaparte, qui, étant ambassadeur en Espagne, en envoya 150 livres à M. Méchain, préfet des Landes, qui en propagea la culture dans ce département, duquel elle s'introduisit dans ceux de l'Hérault, de la Haute-Garonne, du Var, etc., et par suite en Italie, etc., De ces deux variétés, celle de l'Inde paraît la mieux acclimatée en France.

On sème la pistache de terre vers la fin du printemps ou au commencement de l'été, suivant la température des localités; on doit faire tremper auparavant ces semences dans l'eau pendant deux jours, afin de hâter la germination. On doit choisir une terre de bonne qualité et exposée au midi, lui donner plusieurs labours, semer de 12 à 15 pouces de distance, et la couvrir d'environ 2 pouces de terre. Quand les plants sont assez forts, on les sarcle et on les butte pour augmenter le produit et fortifier la plante; lorsque la floraison a lieu, les fleurs sont supportées par un long pédoncule, et se tiennent droites pendant quelques jours; mais dès que le germe est fécondé, elles se courbent vers la terre, reposent à sa surface, et, dès que la fleur est tombée, on voit paraître des gousses armées d'une pointe, au moyen de laquelle elles pénètrent dans la terre, où s'opère le complément de la formation du fruit: c'est par conséquent dans la terre qu'on va le recueillir.

Aucun des agronomes qui ont écrit sur l'arachide, tels que MM. Tollard aîné, Grange, Frémont, Baylé-Barelle, Sonnini, Brioli, Vallet, etc., n'ont cherché à s'assurer si cet enfouissement des légumes dans la terre était indispensable pour la confection du fruit; M. Frémont a seulement avancé que les fleurs ne se recourbent que par faiblesse.

Les fleurs qui naissent à l'aisselle des feuilles supérieures avortent ordinairement; la maturité de l'arachis est annoncée par la couleur jaune que prennent les feuilles; on doit alors les tirer de terre, les porter au sol et les dépouiller de leur gousse.

En France, dans les départemens des Landes, de l'Hérault, de la Haute-Garonne, du Var, etc., elle rapporte, terme moyen. . . . . 90 pour 1.

En Espagne, de. . . . . . 100 à 200 pour 1.

A Rome . . . . 102 pour 1.

M. Vallet assure qu'en bien espaçant les pieds et les buttant convenablement, on peut récolter jusqu'à 700 gousses sur une seule plante.

En supposant que la pistache de terre, semée à un pied de distance, au lieu de donner 112 pour 1, ce qui est le terme moyen des résultats ci-dessus présentés, ne produisît que 50 pour 1, il en résulterait que quatre mètres carrés, ou une toise, donnerait une quantité de semences d'arachide qui, contenant la moitié de leur poids d'huile, en produiraient 1800 grammes ou une livre. Le fruit de semences d'arachis a depuis 12 jusqu'à 16 lignes de longueur, et de 4 à 6 d'épaisseur; il est formé par une sorte de coque blanche, mince, veineuse, réticulée, contenant, suivant la variété à laquelle il appartient, de une à quatre semences, dont l'extérieur est d'un rouge vineux, et l'intérieur blanc et très huileux. En Espagne on les mange comme des noisettes; on les torréfie pour en faire du chocolat : on les fait aussi entrer dans le pain, principalement le tourteau ou résidu de l'huile qui, uni avec un tiers de farine, donne, dit-on, du très bon pain.

L'extraction de l'huile de l'arachis est des plus simples ; elle s'obtient de la même manière que celle d'amandes douces. Cette huile est limpide, inodore, moins grasse que l'huile d'olive la plus fine, et M. de Cossigni rapporte, dit M. Tollart aîné, que la Société royale d'Agriculture s'étant réunie dans un festin à ce sujet, trouva que cette huile en salade était d'une qualité égale à la meilleure d'Aix ; l'huile d'arachis rancit difficilement, et donne un savon blanc très sec et inodore.

MM. Payen et Henry fils ont publié, dans le *Journal de Chimie médicale*, un travail sur l'arachide dont nous allons extraire textuellement les détails suivans : nos lecteurs y trouveront les notions les plus exactes sur ses principes constituans ; on nous pardonnera quelques répétitions, elles sont nécessaires pour ne pas en affaiblir l'intérêt.

1950 grammes de ces semences, dépouillées de leurs enveloppes, se sont réduites à 1495 grammes d'amandes, lesquelles sont entourées d'une espèce de peau brunâtre ; elles sont blanches à l'intérieur ; leur saveur, quoique douce, semble se rapprocher de celle des haricots. Les deux chimistes précités ont pilé ces 1495 grammes de semences d'arachis ; les ayant exposées à froid à l'action d'une presse, ils en ont extrait une huile blanche, verdâtre, un peu louche, laquelle est devenue très claire par la filtration, et a conservé l'odeur de ces amandes. Ayant exposé le résidu à la vapeur, et l'ayant soumis à la presse, à deux reprises, ils en ont obtenu une huile jaunâtre, qui est passée claire au filtre, et avait une odeur désagréable. Le tourteau séché à l'étuve et traité par l'éther, a donné une huile moins fluide que les deux précédentes.

Récapitulation.

Huile obtenue à froid . . . . . 229 gram.
         à chaud 302
         par l'éther 33,1
                         564,1
Marc exprimé 792
                        1356,1

Si l'on déduit cette quantité de 1356,1 de celle
de 1495, on trouve une perte de 138,9 qui doit
être attribuée à l'huile qui a imbibé la toile em-
ployée pour l'extraire, ainsi que les filtres, la
presse, etc.; or en ajoutant à la quantité d'huile ob-
tenue qui se porte à 564,1
Celle de l'huile imbibant ces objets
qui est de 138,9

On obtient pour poids total de l'huile 703,0

Ce qui fait 47 pour 100 d'huile; mais comme
Brioli et plusieurs autres ont annoncé qu'ils en
avaient extrait 40 pour 100, MM. Henry et Payen
font observer qu'ayant opéré sur des amandes qui
avaient été fortement desséchées par les fortes cha-
leurs, il y a lieu de croire que la matière fibreuse
et la caséeuse, en perdant leur humidité, ont re-
tenu plus fortement l'huile et rendu par consé-
quent son extraction beaucoup plus difficile.

Ces deux chimistes ayant réduit le marc en pou-
dre, l'ayant délayé dans l'eau froide, et l'ayant
filtré, ont d'abord obtenu une liqueur laiteuse a
laquelle a succédé un liquide fauve et louche, qui
donnait par l'acide acétique des caillots volumineux
blancs, opaques; la liqueur filtrée était incolore et
transparente; le précipité lavé donna, outre les
produits des substances animales, beaucoup d'acide

hydro-sulfurique. Nous ne suivrons pas MM. Henry et Payen dans leurs diverses expériences; nous nous bornerons à dire qu'ils ont reconnu que les semences de l'arachis hypogea contenaient les substances suivantes, rangées suivant leurs plus fortes proportions, en faisant observer cependant que les deux premières en forment la majeure partie :

Huile.	Matière colorante.
Caseum.	Soufre.
Eau.	Amidon.
Ligneux.	Malate de chaux.
Sucre cristallisable.	Huile essentielle.
Phosphate de chaux.	Hydro-chlorate de potasse.
Gomme.	Acide malique libre.

MM. Payen et Henry, ayant soumis aux mêmes expériences les amandes douces, y ont également reconnu une grande proportion d'un caseum semblable, du sucre, du soufre, une matière colorante et pas d'amidon.

L'huile extraite à froid est la partie la plus intéressante de ces semences ; elle n'a qu'une légère couleur verte, une légère odeur de rave qu'elle perd par la chaleur ; son poids spécifique est égal à 916,30 ; elle dépose beaucoup de stéarine ; de 3 à 4 degrés — o elle se prend en une masse qui n'a plus acquis de consistance.

L'huile extraite à chaud dépose beaucoup plus de stéarine.

L'huile extraite par l'éther est celle qui en donne le plus.

L'huile d'arachis ne se solidifie pas par le nitrate de mercure, mais elle dépose, au bout de quelques jours, une espèce de matière sans consistance, grenue et blanchâtre.

L'huile extraite à froid donne un savon inodore

et plus blanc que celui fait avec l'huile extraite à
chaud, lequel conserve une odeur désagréable.

MM. Payen et Henry ont exposé, comme ex-
périences comparatives, l'huile préparée à froid
et celle d'amandes douces, à l'action du gaz oxi-
gène; la première a paru l'absorber moins vite,
ce qui semble indiquer qu'elle doit se rancir moins
promptement que la seconde.

Ces deux auteurs l'ont essayée dans la prépara-
tion des huiles de toilette; ils se sont convaincus
qu'elle exige moins d'essences odorantes, et qu'elle
donne une odeur plus suave que celle d'amandes
douces. D'après cela elle pourrait être mise en usage
dans la parfumerie fine, pour certains produits,
et dans quelques préparations pharmaceutiques,
telles que le cérat et diverses pommades ; enfin
cette huile contractant un mauvais goût, par l'ac-
tion du calorique, se figeant à une température
au-dessous de celle qu'exige l'huile d'olive, et
rancissant plus vite qu'elle, a beaucoup moins d'a-
nalogie avec celle-ci qu'avec celle d'amandes douces.

Huile de Ben.

L'arbre qui produit les semences de ben a été
long-temps confondu avec le *Guilandina moringa*, L.;
c'est le *moringa aptera*, Gœrtn. Il appartient à la
Décand. monogynie, L., et à la famille des légumi-
neuses, et croît en Arabie, à Ceylan, en Egypte,
dans les Indes, etc. Les semences de cet arbre sont
improprement désignées par le nom de *noix de
ben*; elles sont contenues dans un légume long et
trivalve, rempli d'une sorte de chair blanche; leur
forme est triangulaire; elles ne sont point ailées;
enfin une enveloppe dure et de couleur blanche
recouvre l'amande huileuse de ben, dont la saveur
est amère.

On extrait l'huile de ben de la même manière

qu'on prépare celle d'amandes douces. Cette huile
jouit d'une propriété bien précieuse, celle de ran-
cir difficilement, même après un certain nombre
d'années; aussi l'emploie-t-on de préférence pour
extraire l'odeur fugace de quelques fleurs, telles que
celles des liliacées, du jasmin, etc. Quand on la
conserve quelque temps, l'huile de ben se sépare
en une huile épaisse qui se fige facilement, et en
une autre qui est toujours fluide ; cette propriété
et celle de ne point rancir la font rechercher par
les horlogers pour adoucir les frottemens des
montres, etc.

Beurre ou Huile de cacao.

Les premières notions connues sur le cacaoyer
sont dues à des auteurs espagnols. Ce sont Robles-
Cornejo, Herrera, Oviedo, etc. Les détails que
l'on doit au docteur Hernandez, médecin du roi
à la Nouvelle-Espagne, sont et plus étendus et
plus intéressans. Ce médecin en a compté quatre
espèces qui n'ont pour caractères particuliers que
la hauteur des arbres et la grosseur des fruits ; ce
qui peut constituer tout au plus les variétés dues
à l'influence du sol ou du climat. M. Hernandez
donne à ces quatre prétendues espèces les noms de
quauhcahuatl, *mecacahuatl*, *xochicucahuatl* et *tlalca-
cahuatl.* D'après lui, la première est la plus élevée
et celle qui donne beaucoup de fruits ; la seconde
est d'une hauteur moyenne, et porte des feuilles
et des fruits plus petits ; la troisième produit des
fruits plus petits et plus rouges en dehors ; enfin,
la quatrième, dont le nom signifie *petit arbre à
cacao*, a ses graines très petites ; ce sont celles qui
sont généralement employées en breuvage, tandis
que les autres tiennent lieu de monnaie. (1)

____

(1) *Rerum medicarum Novæ Hispaniæ historia.* On peut
consulter aussi la *Monographie du Cacao* que vient de

Aublet a désigné trois espèces de cacaoyers, aux-
quels il a donné le nom de *cacaoyer anguleux, sau-
vage* et *cultivé*. Ces distinctions n'ont point été ad-
mises par les naturalistes. Linné est le premier
botaniste qui ait classé cet arbre précieux ; il en fit
un genre qu'il nomma *theobroma* (mets des dieux);
et qu'il plaça dans la *polyadelphie décandrie*. Par
la suite, il crut que la *theobroma de la Guiane,
theobroma Guianensis*, dont avait parlé Aublet, était
une espèce particulière; mais Tournefort et Jussieu
n'en ont admis qu'une seule, le *theobroma cacao*,
que ce dernier a rangé dans la famille des malva-
cées. Enfin, MM. de Humboldt et Bonpland en ont dé-
couvert une autre espèce, qui est le *theobroma bicolor*.

Les régions de l'Amérique, situées sous la zone
torride, sont les seules où, jusqu'à ce jour, on ait
rencontré le cacaoyer indigène, et plus particu-
lièrement au Mexique, dont il était une des prin-
cipales richesses lorsque Fernand Cortès en fit la
conquête. Sa culture s'étendait au nord jusqu'à la
province de *Zucatecas*, et les provinces de *Mechoacan,*
d'*Oaxaca*, de *Tabasco*, de *Vera-Cruz*, etc., payaient
à Montézuma des tributs considérables de cacao.

Le cacaoyer aime les lieux abrités et les terrains
humides et profonds; il craint un soleil trop ar-
dent ; il est de la taille de nos grands cerisiers : son
port est agréable; son bois poreux et léger est
couvert d'une écorce qui est d'une couleur fauve
sur les jeunes branches, laquelle prend une teinte
plus foncée sur le tronc. Les jeunes feuilles sont
d'un rose tirant sur le pourpre, tandis que les plus
grandes sont d'un vert foncé : celles-ci ont jus-
qu'à vingt pouces de longueur sur trois ou quatre
de largeur, avec une bordure dont la couleur se
rapproche de celle de la chair. Cet arbre offre en
même temps des boutons, des fleurs, et des fruits

---

publier M. Gallais, d'où nous avons extrait une partie
de ces détails.

mûrs ; les boutons ont la grosseur d'une amande de
cerise, et sont d'un blanc verdâtre ou rosé ; les
fleurs sont petites, inodores; les unes blanches et
les autres d'un rose se rapprochant de la couleur
de chair. Les fruits mûrs sont d'un jaune foncé ou
mélangé de rouge, offrant ordinairement des ru-
gosités à leur surface, ayant la forme des melons,
et présentant de huit à dix côtes qui, lorsqu'elles
sont très mûres, s'entr'ouvrent pour laisser échap-
per le cacao.

Le fruit du cacaoyer est connu sous le nom de
cabosse, et forme à l'intérieur cinq loges où sont dis-
posées à plat, et symétriquement comme une sorte
de stratification, de vingt à trente graines entou-
rées d'une pulpe rosée, gélatineuse, d'une acidité
agréable. Les plus gros fruits peuvent contenir de
quarante à cinquante graines, tandis que dans
les Antilles, ces fruits ont rarement plus de cinq
pouces de longueur, parce que ces arbres étant gê-
nés dans leur développement, ils ne contiennent
que de six à quinze semences.

Le cacao, qui est ces semences, se rapproche de
la forme d'une olive. Lorsqu'il est mûr, il offre une
pellicule mince, d'un rouge vif, qui recouvre une
substance d'un rouge brun ; s'il n'est point par-
venu à l'état de maturité parfaite, et la chair et la
pellicule sont d'un blanc rougeâtre ou d'un vert
foncé. Les cacaos qui sont le plus généralement
exportés en Europe, sont :

1°. De *Guatimala* : les *cacaos de Soconusco.*

2°. De *Colombie* : ceux de *la Magdeleine*, de
Maracaïbo, de *Guayaquil*, de *Sainte-Marthe* (ou
Ocana), de *Caracas*, de *Démérari*, de *Berbice*, de
Surinam, de *Sinnamari*, de *Cayenne*, d'*Arawari*, de
Macapa.

3°. Du Brésil : ceux du Para, du Maragnon et
de Bahia.

4°. Des Antilles : ceux de Cuba, de Saint-Do-
mingue, de la Jamaïque, de Sainte-Croix, de la

Guadeloupe, de la Martinique, de Sainte-Lucie et de la Trinité.

5°. Des îles d'Afrique : ceux de Bourbon.

M. Gallais, dans son intéressante *Monographie du Cacao*, les a divisés en sept classes, et a retracé les caractères qui sont propres à chacune de ses espèces, en l'accompagnant d'une jolie lithographie où elles sont représentées.

En France, le cacao le plus estimé est le *caraque*, qu'on distingue en *gros* et en *petit caraque*, et qui provient de la province de *Nicagarague*, dans la Nouvelle-Espagne : son épiderme est terne et grisâtre ; il se sépare facilement de l'amande. Le cacao dit *des îles*, vient des Antilles : il est plus petit, plus amer, plus aplati et plus gras que le précédent ; il est aussi d'une teinte plus rouge. C'est principalement du mélange de ces deux espèces qu'on fait le bon chocolat. Jadis les seigneurs, ou les vaillans guerriers, avaient seuls le droit d'en faire usage : *No bebia del cacao, nadie que no fuese señor, ó valiente soldado.* (Herrera.)

Préparation du Beurre de cacao.

On connaît trois procédés pour extraire l'huile ou beurre du cacao.

Le 1er consiste à faire bouillir dans l'eau le cacao broyé : par ce moyen, cette huile étant plus légère que ce liquide, vient nager à sa surface ; l'action prolongée de la chaleur le dispose à rancir.

Le 2e se borne à soumettre le cacao torréfié et broyé à une forte pression, entre deux plaques d'étain chauffées à l'eau bouillante, après l'avoir placé dans un sac de toile.

Le 3e, en faisant agir l'éther sur la pâte du cacao ; mais cette huile ainsi obtenue conserve toujours un goût désagréable. Il est inutile de dire qu'on en dégage l'éther, d'abord en le chauffant légèrement, ensuite en l'agitant avec plusieurs eaux.

d'une température égale à +40 C° ; par le moyen de l'éther on extrait de

20 parties de cacao, soconusko dépouillé de sa pellicule. . . . . 8 parties de beurre.
id. cacao Maragnon *id.* 9 *id.*
id. cacao Martinique *id.* 10 *id.*

L'huile ou beurre de cacao de ces diverses espèces paraît identique ; il est concret, d'un blanc tirant sur le jaune ; il a une odeur *sui generis*, et une saveur douce et agréable : on en prépare des pastilles contre les affections catarrhales ; il entre aussi dans plusieurs préparations pharmaceutiques.

Beurre de coco.

Cette huile est très blanche, d'une consistance égale à celle du saindoux ; elle se liquéfie aussitôt qu'on la touche avec les doigts. Lorsqu'elle est fondue elle est aussi limpide que l'eau, et se fige à environ 17 C° ; elle est un peu plus soluble dans l'alcool que le beurre de galam, et un peu moins que l'huile de palme.

M. Guibourt a extrait de ce beurre d'une amande du *cocos nucifera*, qui avait été séchée à l'étuve et conservée plusieurs années ; aussi avait-il un goût de fromage et de beurre fort. 4 onces d'amandes lui ont donné, par l'ébullition, 1 once de beurre.

Huile de citrouille.

La famille des cucurbitacées fournit un grand nombre d'espèces, parmi lesquelles on trouve le *cucumis melo*, le *cucumis sativus*, le *cucurbita pepo* et le *cucurbita citrullus*, dont les semences sont connues en médecine sous le nom de semences froides. Dépouillées de leur enveloppe, pilées et soumises à l'action de la presse, ces semences de citrouilles ou de melon donnent également une huile douce.

très bonne à manger, qui répand une vive lu-
mière avec peu de fumée, et dont la combustion
dure plus long-temps que celle des autres huiles.

Huile du cornouiller sanguin, cornus san-
guinea, L.

Cet arbuste, si recherché pour l'ornement des
massifs en bosquets, à cause de la belle couleur
rouge que prennent ses tiges et ses feuilles, vers
la fin de l'été, produit une baie noirâtre, lors-
qu'elle est mûre, qui fixa l'attention de M. Mar-
gueron. Cet habile pharmacien en prit dix kilo-
grammes qu'il fit étendre dans un grenier pour les
ramollir. Après les avoir réduites eu pâte, il les
soumit à la presse, et en retira environ deux litres
d'un liquide gras, onctueux, d'une viscosité sem-
blable à celle de l'huile, d'une couleur verte très
claire, inodore et sans saveur désagréable ; en un
mot, une véritable huile douce propre à servir
d'aliment, ainsi qu'il l'expérimenta. Cette huile
brûle avec une belle lumière, sans fumée ni odeur
sensible. La même lampe garnie des mêmes mèches,
successivement remplie d'huile d'olive et d'huile
de cornouiller, la première a brûlé pendant deux
heures et un quart, et la seconde pendant deux
heures et demie.

Huile ou Beurre de galam.

Cette huile a beaucoup d'analogie avec celle
de palme, et le beurre de coco. M. Guibourt, qui
a publié dans le *Journal de Chimie médicale* (avril
1825) un article très intéressant sur cette huile, dit
qu'il est difficile d'indiquer quel est le végétal qui
la produit. On trouve, dit-il, dans quelques auteurs
le nom de beurre de *galam* ou *galaham*, comme syno-
nyme d'huile de palme, et d'autres admettent que
l'huile de palme est tirée du brou de l'*avoira* (elaïs
guineensis), et le beurre de galam de l'amande ;

M. Guibourt ne partage pas cette opinion, il croit
que ce beurre est le même que celui de *bambouc ;*
il cite à l'appui de son opinion les rapprochémens
qui existent entre ces deux huiles, etc.

Le beurre de galam, qu'a examiné M. Gui-
bourt, était nouvellement arrivé d'Afrique ; il est
d'un blanc sale avec une teinte rougeâtre, ayant
l'aspect du suif, quoique étant plus onctueux ; il
graisse les doigts comme l'axonge en y laissant
quelques parties plus solides. Cette huile, exa-
minée à la loupe, semble formée d'une substance
grenue, imprégnée d'une huile qui lui commu-
nique une certaine transparence ; elle a une légère
odeur et saveur de beurre de cacao sans âcreté ni
rancidité : si on le fond au bain-marie, il dépose
des flocons d'une saveur très agréable, qui pa-
raissent appartenir à la pulpe du fruit d'où on l'a
retiré par expression.

Le beurre de galam est insoluble dans l'eau,
et très peu soluble dans l'alcool même bouillant ;
ce menstrue se laisse précipiter par le refroidis-
sement, et n'en retient à peine que 0,005.

Cire.

Quoique, à proprement parler, on ne puisse
point regarder la cire comme une huile, cepen-
dant, à cause de quelques unes de ses propriétés
qui appartiennent aussi à ces produits immédiats
végétaux, divers auteurs l'ont regardée comme
une huile concrète. Telles sont les raisons qui
nous ont porté à en faire mention.

L'opinion des chimistes a été long-temps par-
tagée sur la nature de la cire ; les uns la croyaient
un produit animal dû aux abeilles, et les autres
un des produits immédiats des végétaux. Cette
dernière opinion a prévalu depuis qu'on est par-
venu à l'extraire également des fruits du *myrica-
cerifera* et du *genevrier,* des tiges vertes de l'*orge,*
de l'*aunée,* de la *gomme-laque,* des feuilles, etc.

Nous allons nous borner à parler de celle des
abeilles, comme étant la plus répandue. Cette sub-
stance est solide, d'une couleur jaune, d'une cas-
sure grenue, insipide, peu odorante, fusible à
68°, d'un poids spécifique égal à 0,966; elle est
soluble à chaud dans les huiles fixes et volatiles,
insoluble dans l'eau, l'éther et l'alcool à froid,
soluble partiellement dans 20 parties d'alcool
bouillant; elle se saponise avec la potasse et avec
la soude. La cire, réduite en rubans minces et
exposée au contact de l'air, devient très blanche;
il en est de même dans le chlore liquide. D'après
mes expériences, l'acide sulfurique concentré la
noircit, avec dégagement d'acide sulfureux; s'il
est étendu de trois parties d'eau, elle prend une
couleur grisâtre; l'acide nitrique la blanchit à
chaud, mais si l'on porte la liqueur à l'ébullition,
la cire prend une belle couleur noire, et il se dé-
gage du deutoxide d'azote; si l'acide nitrique est
étendu d'eau, la cire blanchit sans brûler.

Décomposition. Si l'on traite la cire, en rubans
minces, par suffisante quantité d'alcool bouillant,
elle se décompose; la partie que le menstrue dis-
sout porte le nom de *cérine;* elle est blanche, fu-
sible à 42,50, soluble dans 16 parties d'alcool ab-
solu, et dans 42 d'éther; la partie non dissoute
dans l'alcool a été nommée *myricine;* elle est plus
légère que la cérine, fusible de 35 à 37,50 c°, so-
luble dans 200 fois son poids d'alcool bouillant, et
très peu dans l'éther.

Les proportions de ces deux substances dans
100 parties de cire des abeilles, sont de

$$
\begin{array}{l}
\text{cérine.} \ldots \text{0,91} \\
\text{myricine} \ldots \text{0,08} \\
\hline
 99
\end{array}
$$

Dans la cire de myrica la myricine entre pour
0,13.

Huile de noix.

Quoiqu'on connaisse un grand nombre de noix, on consacre plus particulièrement ce nom au fruit du noyer, *nuglans regia*, que l'on cultive dans les parties méridionales de l'Europe ; on en trouve aussi dans l'Amérique septentrionale, mais qui sont bien différens des nôtres, et qui se distinguent entre eux par des caractères très remarquables : le noyer d'Europe offre aussi plusieurs variétés :

1°. Le *noyer ordinaire*. C'est la variété la plus commune ;

2°. Le *noyer à gros fruit* ou la *grosse noix*. Cette variété a les feuilles plus grandes que celles des autres, et les fruits plus gros ;

3°. Le *noyer à fruit tendre*. La coque de la noix est blanche et facile à casser, c'est la meilleure noix ;

4°. Le *noyer à fruit dur* ou la *noix féroce*. La noix est très petite, très dure et n'est bonne que pour l'extraction de l'huile ; le bois de cette variété est plus dur, plus veiné et plus beau que celui de toutes les autres ;

5°. Le *noyer à feuilles dentelées*. Ses feuilles sont plus petites que celles des noyers ordinaires, et son fruit plus long ; cette variété ne s'élève qu'à une hauteur médiocre ;

6°. Le *noyer de Saint-Jean*. Cet arbre est ainsi nommé parce que ses feuilles ne commencent à pousser que vers le mois de juin, et que ce n'est qu'à la Saint-Jean qu'elles sont bien développées.

Il y a encore des variétés qu'on ne trouve que dans les jardins de botanique ; ce sont les *noyers à petit fruit*, *à feuilles découpées*, *à grappes*, et celui qui donne du fruit deux fois l'an.

Parmi les *noyers d'Amérique* on trouve le *noyer noir de Virginie à fruit long* et *à fruit rond*, le *noyer blanc de Virginie* ou l'*hickery*, le *noyer de la Louisiane* ou le *pacanier*.

Quand on se propose d'extraire l'huile des noix
il ne faut point les gauler avant leur maturité,
comme font quelques propriétaires, cela rend le
produit de mauvaise qualité; il faut les recueillir
quand elles tombent d'elles-mêmes en quittant
leur brou, et ne les porter au pressoir que lors-
qu'elles sont bien sèches. Il est inutile de dire
qu'on doit enlever avec soin les coques et les mem-
branes qui forment les cloisons internes qui en sé-
parent les quartiers; les noix ainsi préparées et
bien broyées, donnent une huile qui, lorsqu'elle
est préparée avec soin, au lieu d'être nauséabonde,
est douce, limpide et bonne à manger. Si l'on re-
court à la chaleur et qu'on en néglige les prépa-
rations, le contraire a lieu. D'un kilogramme de
noix, cassées et dégagées de leurs cloisons et pelli-
cules, on retire demi-kilogramme d'huile; on doit
la préparer en novembre, décembre et janvier, et
l'on peut appliquer à cette extraction les divers
pressoirs que nous avons indiqués. M. Desmortier,
d'Angoulême, a inventé aussi un moulin-pressoir
qui abrége la durée de l'opération, et donne des
résultats plus avantageux.

L'huile de noix a une teinte qui se rapproche
du blanc verdâtre; elle est inodore, à moins qu'elle
soit préparée à chaud : dans ce cas elle est un peu
nauséabonde; elle a une saveur qui lui est propre;
elle est siccative et propre à l'éclairage ainsi qu'à la
peinture. L'huile des vieilles noix a un goût et une
saveur désagréable.

Huile de noix cuite.

Faites bouillir dans un pot de 80 à 100 parties
d'huile de noix; enflammez-la et laissez-la brûler
pendant demi-heure en couvrant le pot en partie,
afin de régler la flamme, et en remuant souvent la
liqueur; on couvre ensuite le pot et l'on éteint
ainsi la flamme. Cette huile refroidie a acquis la
consistance de la térébenthine molle, et a perdu

un huitième de son poids ; comme celle de lin , ainsi préparée , elle porte alors le nom de vernis, et forme, étant broyée avec environ sept parties en poids de noir de fumée, l'encre des imprimeurs. Lorsqu'au lieu de noir de fumée on ajoute au vernis la moitié de son poids de vermillon , on obtient l'encre d'imprimerie rouge : un peu de carmin perfectionne cette couleur.

Les imprimeurs ont une foule de secrets pour le perfectionnement de leur encre ; ils ajoutent à l'huile bouillante des croûtes de pain , des ognons et même parfois de la térébenthine, afin de la rendre moins onctueuse et lui donner plus de corps, afin qu'elle adhère mieux au papier mouillé , et se distribue d'une manière uniforme sur les caractères. Pour rendre la couleur plus belle , quelques uns y ajoutent un peu d'indigo. Malgré tous ces secrets , nous sommes forcés de convenir qu'une bonne encre d'imprimerie est encore à trouver : le principal défaut de toutes est de jaunir en vieillissant.

Huile de noisette, fructus avellanæ.

Les noisettes sont un fruit qui provient d'un arbrisseau de 15 à 20 pieds de hauteur, qui croît dans les bois, que l'on désigne par le nom d'*avelinier, coudrier* et *noisetier, corylus avellana*, Lin. Les noisettes contiennent une amande ronde, de laquelle on extrait une huile par l'expression, qui se rapproche beaucoup de celle des amandes douces, quand les noisettes sont récentes. Cette huile étant siccative , est employée pour la peinture : on extrait l'huile de noisettes par les mêmes procédés que celle d'amandes douces ou de noix.

Huile de palme, oleum palmæ.

Suivant M. Henry , l'apparition de l'huile de palme en Europe ne date que des derniers siècles.

Pomet, Lemery, Baumé, Morelot, etc., assurent qu'on la tire par décoction ou par expression, de l'amande d'une espèce de palmier nommé l'*avoira elaïs* ou l'*aoura* de Guinée, c'est l'*elaïs guineensis*, arbre qui se trouve maintenant dans toutes les colonies françaises. MM. Jolyclerc, Dumenil, Virey, etc., disent que les *cocos butyracea*, *nucifera*, et l'*areca oleracea*, Lin., produisent aussi des huiles de palme. Nous allons nous borner à parler de celle de l'*aoura*, comme étant la plus commune, en présentant d'abord la description qu'a donnée Tublet de cet arbre.

Ce palmier, dit-il, est le plus élevé qui croisse à la Guinée; ses feuilles, toujours terminales, ont jusqu'à dix pieds de long; elles sont ailées, et leur pétiole est garni d'épines longues et aiguës. Ces pétioles persistent et rendent l'approche du tronc impossible. Les fruits sont de la grosseur d'un œuf de pigeon, de couleur jaune; dans le brou, qu'on nomme *caire*, est une substance jaune et onctueuse, que les singes, les vaches et autres animaux mangent. On en tire, après l'avoir laissé macérer quelque temps, une huile par expression, dont on se sert pour l'apprêt des alimens, pour la médecine et pour brûler. De l'amande contenue dans le brou, on extrait une espère de beurre qu'on nomme *quio quio*, ou *thio thio*.

Cette huile a une consistance butireuse; nouvellement extraite elle a une odeur de violette, une saveur douce, une couleur orangée qu'elle perd en vieillissant : elle devient alors blanche et rance. Ces caractères la distinguent de celle qui est factice, et qui n'est autre chose qu'un composé d'huile ou de graisse fondue avec la cire jaune que l'on a colorée par la racine de cucurma et aromatisée par celle d'iris.

L'huile de palme est plus légère que l'eau; elle est fusible au 29° c°; exposée à l'air elle blanchit et rancit; l'alcool à 36° et à froid en dissout un peu;

elle en est précipitée par l'eau ; le liquide bouillant en dissout davantage, mais elle s'en sépare par le refroidissement.

Cette huile est soluble en toutes proportions dans l'éther, à laquelle il communique une couleur jaune orangée ; elle est insoluble dans l'eau. Avec les alcalis, elle donne des savons plus ou moins solides. Suivant M. Henry, 2 parties d'huile de palme et 1 de potasse caustique, etc., forment un savon mou, lisse, jaune et demi-transparent. Les mêmes proportions d'huile et de soude caustique à 36° donnent un savon solide, moins jaune, plus opaque et très lisse : elle s'unit avec l'ammoniaque comme les autres huiles fixes.

Si l'on fait passer du chlore sec à travers l'huile de palme, entretenue liquide, elle devient d'une couleur verte qui disparaît ensuite et fait place à une graisse demi-fluide, d'un blanc grisâtre, plus pesante que l'eau, ayant l'odeur et la saveur du chlore.

M. Henry dit que cette huile doit être regardée comme un composé de

$$
\begin{array}{lr}
\text{Stéarine} & 31 \\
\text{Elaïne} & 69 \\
\hline
& 100
\end{array}
$$

Le principe colorant réside dans l'élaïne. *Pomet* avait désigné aussi cette huile sous le nom de *pumicin*.

HUILES

des graines oléagineuses.

Quelle que soit la quantité d'huile que la Provence, les départemens de l'Aude, de l'Hérault, des Pyrénées-Orientales, retirent de leurs oliviers, elle est cependant insuffisante pour les besoins de la France, tant comme aliment que sous le rapport de l'éclairage et de ses applications aux arts ; aussi l'Espagne et l'Italie nous en importent plus ou moins.

Il est une foule de végétaux dont les semences produisent des huiles qui se rapprochent plus ou moins de celle d'olive. Les départemens dont le sol est impropre à la culture de l'olivier se sont emparés de ces plantes afin d'y suppléer. Parmi ces départemens, celui du Nord tient le premier rang : la fabrication de ces huiles est une des branches principales de son industrie, et Lille est le centre de ce commerce immense. Il n'est pas de voyageur, dit M. Dieudonné (1), qui, arrivant à Lille par les routes de Douai ou d'Arras, ne soit frappé du coup d'œil que présente cette foule de moulins ou tordoirs à vent, qui ceinturent, comme une forêt, les remparts de cette belle ville. L'arrondissement de Lille possède lui seul 267 tordoirs, dont 32 construits depuis la révolution ; les cinq autres en comptent 172 ; aussi depuis quelques années, la culture des graines oléagineuses a été substituée en proportion à celle des céréales. Dans l'arrondissement de Lille, les tordoirs sont en activité toute l'année, lorsqu'ils ont du vent. Il serait aisé de remédier à cet inconvénient, en construisant ces moulins sous le double système du vent et de la vapeur, afin que, lorsque le vent cesse de souffler, on puisse, en leur appliquant la force motrice de la vapeur, ne pas interrompre le travail.

Un moulin ou tordoir à vent peut fabriquer de 300 à 600 hectolitres d'huile par an.

Le terme moyen, dans le 3ᵉ arrondissement, est de . . . . 400 hect.
dans celui de Douai, de 200
      Hazebrouck, d'environ . . 170
      Bergues, de 150
      Cambrai, de 120
      Avesnes, de 100

Cette différence tient à ce que, dans plusieurs

____

(1) *Statistique du département du Nord*, tom. II.

localités, on n'en exploite que pour la consom-
mation locale.

Chaque tordoir occupe en été deux hommes et
un apprenti; pendant l'hiver deux hommes suf-
fisent.

Les huiles sont livrées au commerce par ton-
neaux. L'ordonnance royale du 14 novembre 1787
en fixait la capacité de 51 à 52 pots, mesure de
Lille. Depuis la révolution elle était réduite à 50
pots; elle est maintenant d'un hectolitre.

Les graines oléagineuses desquelles on extrait
l'huile dans cette contrée sont :

la caméline,   le lin,
le chenevis,   l'œillette ou pavot blanc.
le colza,

On récolte dans le département du Nord plus de
graines de colza qu'il n'en faut pour la fabrication
de son huile ; les fabricans complètent leurs appro-
visionnemens en autres graines, et surtout en ca-
méline et en œillette dans le département du *Pas-
de-Calais.* Voici les quantités d'huile que fournis-
sent ces diverses graines : pour en obtenir un hec-
tolitre de chacune d'elles, il faut :

                                        du poids de 1 kil. 10
caméline 6 hect. 04; résidu en tourteaux 160
chenevis 9 . . . 93 320
colza . . 4 . . . 50 . . ? 130
œillette . 5 . . . 18 160
gr. de lin 6 . . . 50 . . . . 181 kil.
le résidu du lin se vend au poids.

Comme la culture de ces graines oléagineuses est
plus étendue dans ce département que dans les
autres, et que cela suppose une plus grande expé-
rience de la part des agronomes qui en font l'objet
spécial de leurs récoltes, nous allons l'appliquer
de préférence à celles de ces graines que nous
allons examiner.

*Huile de caméline (myagrum sativum, te-
tradyn. siliculeuse de Linné).*

Cette plante est improprement connue dans ce
département sous le nom de camomille; cette der-
nière cependant porte le nom de *matricaria camo-
milla, anthemis nobilis, arvensis*, etc., appartient à la
syngénésie et ne donne qu'une huile volatile par
la distillation des fleurs, tandis que les graines des
*myagrum perenne, rugosum, perfoliatum, sativum,
verum*, et *muralis*, donnent toutes une huile douce.
La caméline est donc un végétal bien distinct de la
camomille; elle a ses silicules ovales, aplaties,
pédonculées, polyspermes; ses fleurs sont petites
et jaunes; ce n'est que depuis environ soixante
ans que sa culture a été introduite dans le dé-
partement du Nord, et depuis environ quarante
qu'elle sert à remplacer le colza et les graines d'hi-
ver qui ont manqué. Cette culture s'est mainte-
nant propagée dans cette contrée, principalement
dans les arrondissemens de Lille, de Douai, etc.

On sème cette graine dans tout le mois de mai,
on la couvre avec la herse; il suffit même d'une
petite pluie pour la couvrir; on doit choisir une
terre douce et légère, et quand elle est un peu
forte on la sarcle; on les scie comme l'avoine, au
commencement d'octobre on les *engerbe* et quand
elles sont bien sèches, ce qui a lieu quatre ou cinq
jours après, on les met *en meule* pour les battre à
volonté.

Cette plante résiste à l'intempérie des saisons;
ses capsules sont sujettes à éclater, et ses semences
donnent autant d'huile que celles du pavot. Cette
huile se rapproche de celle de la moutarde; elle se
prépare et se dépure de la même manière que celle
des autres graines oléagineuses.

Huile de cresson alenois.

Le cresson alenois, ou cresson des jardins, *lepidium sativum*, croît naturellement presque en tous lieux ; il a les feuilles oblongues et multifides, et a la plus grande analogie par son odeur et sa saveur avec celui des fontaines. Ses semences sont ovoïdes, petites et striées ; elles ont un goût âcre et brûlant. On les sème en mars et avril comme la caméline ; pilées, réduites en pâte avec l'eau chaude et soumises à l'action d'une forte presse, elles donnent quatre litres et demi d'huile pour chaque décalitre de graine. Cette huile a une odeur désagréable et rancit promptement; on l'épure et l'on corrige cette altération en la faisant bouillir avec de l'eau, et la décantant de suite. Pour rendre cet article plus intéressant, je joins ici une note sur la culture du cresson extraite de l'hygie de Bruxelles.

Culture du cresson.

En 1808, M. Bradberry commença, pour la première fois, à cultiver du cresson pour le marché de Londres; cette culture lui a si bien réussi qu'il l'a continuée, et que maintenant il en fournit la capitale tous les jours, excepté les lundis. Il en distingue trois espèces : *le cresson à feuilles vertes, le cresson à petites feuilles brunes*, et celui *à grandes feuilles brunes*; ils ont à peu près le même goût, mais celui à grandes feuilles brunes est préféré au marché. Ces trois variétés peuvent croître ensemble, mais il y a des eaux qui sont meilleures pour l'une que pour les autres ; celle à feuilles vertes est la plus facile à cultiver ; celle à petites feuilles brunes est la plus difficile ; mais le cresson à grandes feuilles brunes, est le seul que cultive M. Bradberry, parce que c'est le seul qui prospère dans les endroits où l'eau est profonde. Il se procure

de jeunes plantes, et les ayant entourées de terre
humide, il les plante dans l'eau courante et basse,
et bientôt il se forme des touffes qui s'étendent
sur l'eau. On a trouvé que les plantes sont plus
faciles à cultiver et à cueillir lorsqu'elles sont
placées en rangées parallèles au cours du ruisseau;
lorsque l'eau est profonde, les rangées sont éloi-
gnées de cinq, six ou sept pieds; quand elle est
basse, il suffit de conserver entre elles un espace
de dix-huit pouces. On a observé que ces plantes
poussaient bien, surtout lorsqu'il n'y avait qu'un
pouce et demi d'eau; à mesure qu'elles croissent,
elles arrêtent le courant et font monter l'eau.
Quand l'eau est profonde, les racines tiennent peu,
ce qui rend plus difficile de cueillir le cresson, on
le coupe, mais on ne l'arrache pas; et, après quel-
ques récoltes, les touffes sont plus petites; la vase
amassée autour des racines, la lentille sauvage et
les autres racines environnantes, nuisent au cres-
son. Cela rend nécessaire de nettoyer les lits et de
les replanter deux fois par an; la manière de re-
planter est de déraciner d'abord toutes les ran-
gées, en suivant le sens du courant, et en retirant
du lit toute la vase qui s'y trouvait, quoique ce
soit un bon engrais. On choisit alors les plantes
les plus jeunes et qui ont le plus de racines, on les
place par rangées dans le gravier à une certaine
distance les unes des autres, et l'on met des pierres
entre elles pour maintenir chacune à sa place. Le
cresson vient mal dans un terrain fangeux; on doit
le remplacer par de la craie ou du gravier; on doit
aussi entretenir un courant constant, sans quoi les
plantes dépérissent; on renouvelle les lits tour à
tour dans les mois de mai, de juin, de septembre
et de novembre, de manière à pouvoir cueillir le
cresson à différentes époques. On coupe au mois
d'août celui qui a été planté au mois de mai, et
au printemps on recolte celui planté en novem-

bre. Quand la plante a été coupée trois fois, ses branches commencent à se multiplier, et il faut la couper le plus souvent possible ; en été on peut récolter une fois par semaine, mais on doit couper net la branche ; en hiver l'eau doit être plus haute, ce qui est facile, en laissant croître les plantes qui retiennent alors le courant. M. Bradberry possède cinq arpens de terre plantés en cresson, il a l'eau des sources qui se trouvent dans les prairies de la rivière de Colne, voisine de ses plantations. Le cresson profite surtout dans les eaux dont la source n'est pas éloignée ; et comme elles gèlent rarement, on peut en récolter toute l'année. Le vaste emplacement à West-Hyde, où se trouvent à présent les plantations de M. Bradberry, a été préparé en creusant le lit des petits ruisseaux à une profondeur partout égale, et en le recouvrant de gravier ; cette culture a assuré à la capitale un approvisionnement de cresson constant et régulier.

Nous avons vu cultiver le cresson dans quelques parties de l'Allemagne, mais nous n'avons aucune connaissance que ce genre d'industrie ait été entrepris en grand parmi nous ; il mérite cependant de fixer l'attention des cultivateurs placés dans des localités et des circonstances favorables à cette culture, surtout auprès des grandes capitales. Le cresson est une plante saine et recherchée sur les meilleures tables, surtout à une époque où les salades et autres verdures sont rares. Cette utile plante pourrait être livrée à bien meilleur marché, si sa culture était faite en grand, et mise ainsi à la portée de tous les ménages ; l'usage en deviendrait bien plus commun ; le public jouirait en bien plus grande abondance d'un aliment sain et agréable, et l'agriculture trouverait un nouveau genre de débouché et de produit.

Chenevis ou chanvre (cannabis sativa) de
Linné.

Cette plante est originaire de l'Inde; elle a la tige grêle, la feuille digitée, elle est dioïque, c'est-à-dire, que certains pieds portent des fleurs mâles et d'autres des fleurs femelles ; on les distingue en ce que le calice des fleurs mâles est à cinq divisions et le calice O, tandis que celui des fleurs femelles est monophylle, entier, béant par le côté ; corolle O, style 2, noix bivalve renfermée dans le calice. Le chanvre est cultivé sur presque tous les points en France, et principalement dans la basse Normandie, la Bretagne, la Picardie, la Champagne, la Bourgogne, l'Alsace, la Franche-Comté, le Dauphiné, le Berry, le Maine, etc.

La terre, dans laquelle on sème le chanvre, doit avoir trois ou quatre labours, être de bonne qualité, et de préférence les terres neuves et basses, les vallées, les terres fortes et noires, les sols tourbeux et limoneux, etc. ; on doit choisir une exposition au midi et à l'abri du vent. Quand on veut former une chenevrière, on donne un bon labour dans le mois de décembre, un second vers la fin d'avril, assez profond pour enterrer toutes les mauvaises herbes ; enfin, on procède à un troisième labour ; au même instant des semailles, on herse fin et l'on y jette trois quarts de sac de graine par arpent ; on la recouvre de suite, et on y passe par-dessus le rouleau si la terre est légère ; on doit choisir pour cela un temps couvert et pluvieux ; dans ce cas le chanvre lève dans quatre ou cinq jours. Dès que l'on a semé une chenevrière, il faut avoir soin d'y placer un grand nombre d'épouvantails ; car presque tous les oiseaux, les volailles et les pigeons étant très friands du chenevis, elle serait bientôt ravagée. Dans certains pays on y poste des enfans qui la parcourent en agitant des sonnettes ; cette surveillance n'est plus nécessaire du moment que le chanvre a fait ses deux premières feuilles. Les semences ont lieu dans le courant des mois de mai et de juin , et la récolte dans ceux d'août et de septembre ; elle se fait en deux fois , c'est-à-dire que le chanvre mâle étant plutôt mûr on l'arrache le premier ; lorsqu'il est arraché on le lie en gerbe, que l'on fait sécher en l'exposant au soleil , et on bat les sommités pour en faire tomber les semences ; on fait la même opération pour le chanvre femelle.

La graine de chanvre, pour être de bonne qualité , doit être grosse, lisse, noirâtre, pesante et bien nourrie : il faut environ 210 litres de cette graine pour semer un hectare de terre ; l'hectolitre de cette graine pèse 51 kilogr. ou 104 liv. et $\frac{2}{10}$.

L'huile de chenevis est jaunâtre , elle a une saveur âpre , désagréable ; elle ne se congèle qu'à plusieurs degrés au-dessous de zéro ; elle est très sicative ; pour l'extraire , on torréfie légèrement les semences, on les broie au moulin , on y ajoute un peu d'eau avant de les soumettre à la presse ; au reste, les moyens d'extraction sont les mêmes que ceux des autres graines oléagineuses.

Huile de chou , brassica oleracea. *L.*

La famille des choux doit tenir un des premiers rangs parmi les plantes potagères ; non seulement elle nous offre un excellent aliment, mais ses graines produisent encore une grande quantité d'huile. M. Tollard aîné a divisé les choux en six classes ou races primitives, qui se subdivisent elles-mêmes en une foule de variétés. Parmi les principales on trouve

Les choux verts, *brassica oleracea viridis.*

Les choux verts à larges côtes,

Les choux cabus , *brassica oleracea capitata.*
Les choux-fleurs , *brassica oleracea botrytis.*
Les choux blancs à larges côtes.
Les choux pommés à plusieurs pommes.
Les choux à jets et à rejets.
Le chou vert frangé à aigrettes rouges.
Le chou frisé rouge d'hiver.
Le chou panaché.
Le chou tricolor.
Le chou frisé vert d'hiver.
Le chou crépu d'Ecosse.
Le chou cabbaye.
Le chou hâtif d'Yorck.
Le chou hâtif en pain de sucre.
Le chou cœur de bœuf.
Le chou hâtif de Bonneuil.
Le chou pommé de Saint-Denis.
Le chou pommé blanc d'Alsace.
Le chou pommé blanc de Hollande.
Le chou quintal.
Les choux de Milan hâtif-trapu-doré-d'été.
Le chou pancalier.
Le gros chou frisé, panaché, d'Allemagne, etc.

On n'a point essayé d'extraire l'huile de toutes ces espèces de choux ; celles sur lesquelles cette extraction s'est opérée, comme essais, sont les suivantes :

Le *chou-rave* de Prusse ou *rape-cool* des Anglais.

Le *chou-navet* de Laponie ou de Suède, *rutabaga brassica napa.*

Le *chou-rave* à grosses racines, ou mieux, à collet enflé, *brassica oleracea gongiloïdes :* il y en a deux espèces, le blanc et le violet.

Le *chou arbre* ou chou cavalier de Bretagne, *brassica vaccina.*

Le *chou cavalier branchu* de Bruxelles ou de Normandie.

Le *grand chou frisé d'Ecosse.*
Le *capouska ou chou frisé gigantesque de Sibérie.*
Le *chou à fourche.*

Les huiles de ces choux ont été extraites comme de simples essais ; elles se rapprochent toutes par leurs propriétés diverses : il n'en est pas de même de celles des espèces suivantes.

Le chou colza, *brassica arvensis.*

Le chou-navet, *brassica.* Oler. *napo-brassica.*

Comme on cultive ces deux espèces pour l'extraction de l'huile de leur semence, dans plusieurs départemens, nous allons les examiner aussi plus en détail ; nous nous bornerons à dire que l'on peut les extraire de toutes les graines de cette nombreuse famille par le même procédé.

Chou et huile de colza, brassica oleracea arvensis ; brass. campestris. L.

Le chou colza paraît être une des espèces primitives peu altérées ; il ne pomme point, ses tiges sont rameuses, ses feuilles sinuées et étroites, ses fleurs jaunes. Sa culture exige les bonnes terres, bien fumées, et les sarclages ; on doit le récolter un peu vert, car il mûrit dans le tas et se bat facilement. M. Castera, propriétaire à Saint-Etienne-d'Orthe, sème en terre de maïs le colza dans les mois de septembre et octobre ; de 6 ares qu'il avait ensemencés, il recueillit 2 hectolitres de graines ou 40 hectolitres par hectare ; chaque hectolitre lui donna 20 kilogrammes d'huile. Le produit ordinaire de l'huile, que produit cette semence, est de 5 hectolitres d'huile par chaque double décalitre.

Ce chou fournit une si grande quantité de semences, qu'on en a trouvé un pied en 1805, dans les environs de Lille, qui portait 4400 cosses, contenant 172,000 graines.

On sème le colza, en Flandre, dans le mois de juillet; il faut 11 litres $\frac{8}{10}$ par hectare : le champ où on le sème n'est pas celui où on le cultive et le récolte. On arrache les jeunes plantes vers la fin de septembre ou le commencement d'octobre, pour les planter dans une autre terre de bonne qualité ; il faut 135,200 plantes par hectare.

Le colza est plus particulièrement cultivé dans une partie de l'Artois, dans le Brabant et en Flandre. La meilleure graine est celle qui est la plus noire, la plus pleine et la plus onctueuse, quand on l'écrase. Pour les semailles, on peut recourir à celle qui est d'une qualité inférieure. On reconnaît les graines qui ont été cueillies avant leur maturité à leur couleur rougeâtre : elles sont moins huileuses que les autres, et doivent être rejetées pour les semences; les meilleures qualités en contiennent toujours un peu. Cette graine perd beaucoup de son poids en se séchant; dans les fabriques de la Flandre on calcule qu'il en faut 4 hectolitres et demi pour 1 hectolitre d'huile, et 1 hectolitre de graine pèse, année commune, 65 kilogrammes $\frac{1}{10}$; l'hectolitre de cette huile pèse 91 kilogrammes $\frac{2}{10}$, ce qui fait que le colza produit 32 et demi pour 100 d'huile, ou bien environ le tiers de son poids.

L'on prépare cette huile comme celle des autres plantes oléagineuses; elle est jaune, très visqueuse, et douée d'une odeur analogue à celle des plantes crucifères : lorsqu'elle est dépurée, par les procédés que nous indiquerons ailleurs, elle est douce, d'une odeur agréable et d'un poids spécifique égal à 913.

Cette huile est employée pour l'éclairage, pour la fabrication des savons verts; on la fait entrer aussi dans le savon ordinaire, mais en petite quantité.

Huile de faîne.

On donne le nom de faîne au fruit du hêtre, *fa-gus sylvatica*. Lin. Cet arbre est très abondamment répandu dans nos forêts ; il en est même quelques unes qu'on appelle *d'essence de hêtre* qui en sont presque entièrement formées. Cet arbre vient très haut et très gros. Le D'Tournon en a rencontré un sur les bords de la *Nive*, dans le pays basque, dont le tronc avait vingt pieds de circonférence ; il produisait chaque année quarante-huit punières de fruit (1). Je ne donnerai ici ni sa culture ni sa description, parce que la première n'exige aucun soin, et que cet arbre est trop connu pour ne pas regarder ces détails comme superflus. Je me bornerai à dire que le hêtre est un des arbres forestiers les plus précieux, tant à cause de son bois, que l'on applique au charronnage, aux constructions et au chauffage, que pour l'extraction de l'huile de ses graines. Ce dernier avantage a été si bien reconnu, qu'après plusieurs rapports qui furent faits à la Convention, dont un entre autres fort intéressant, par M. Boudin, elle rendit un décret, le 28 fructidor an 3, pour chasser les porcs des forêts de hêtre et faire recueillir la faîne. Elle donnait vingt-cinq sols par jour aux femmes qui pouvaient ramasser vingt-cinq livres de faîne, ou bien elle payait ces mêmes graines, nettoyées et mondées, un sou la livre. Il est aisé de voir que la Convention avait pour but de suppléer aux huiles d'Italie et d'Espagne, en mettant à profit une production de notre sol

---

(1) La punière pèse environ 8 livres, qui multipliées par 48, donnent 384 livres ; or, en admettant que ces graines ne donnent qu'un sixième d'huile, cet arbre doit en produire annuellement 64 livres ; ce qui est un fort joli revenu.

8

abandonnée, et dont on pouvait retirer un si grand profit que Boudin assure (1) qu'en 1779 une portion de la faîne recueillie dans la forêt de Compiègne, fournit plus d'huile qu'il n'en faudrait aux habitans du pays pendant un demi-siècle. Le gouvernement ne se borna pas à ce décret ; il fit rédiger par MM. Berthollet, L'Héritier et Tissot, au nom de la commission d'agriculture et des arts, deux instructions très intéressantes sur les soins à prendre tant pour recueillir la faîne que pour en extraire l'huile. Nous aimons à convenir que nous en avons extrait une partie de cet article. On doit ramasser les semences de faîne vers la fin de septembre, et en opérer de suite la dessication en les étendant dans un lieu bien sec et bien aéré, à l'abri du soleil. On peut également aider cette dessication, en faisant passer dans le local où elles sont étendues, un courant d'air chaud ; on croit qu'au moyen de cette précaution on extrait beaucoup plus d'huile. Quand ces semences sont sèches, on les vanne pour en séparer les graines vides ou creuses. Quelques personnes les trient à la main ; ce moyen est le meilleur, mais il est trop long et trop dispendieux ; on peut aussi les jeter contre le vent ou recourir au crible au vent.

Les semences de hêtre sont entourées d'une coque ou capsule très courte, et immédiatement d'une pellicule qui donne un mauvais goût à l'huile ; en général on prépare cette huile sans enlever cette coque, mais l'expérience a démontré qu'on perd, dans ce cas, jusqu'à un septième de l'huile qu'on obtiendrait en les en dépouillant. On parvient à les écorcer en les faisant passer par des meules semblables à celles des moulins à farine, mais assez écartées pour qu'il n'y ait que l'écorce

---

(1) *Feuille du Cultivateur*, tom. IV.

d'attaquée; quant à la pellicule on peut l'en sé-
parer en secouant ces amandes écorcées dans un
sac et en les vannant. Une fois qu'on a obtenu ces
semences, dans l'état qu'on le désire, on peut les
réduire en pâte par divers moyens.

1°. En les portant au moulin à pilon, on les
pile à coups modérés, en ayant soin d'y ajouter
de l'eau, de temps en temps, pour lier la pâte, qu'on
porte ensuite au pressoir, comme celle des autres
graines oléagineuses. Il suffit d'une livre d'eau
pour chaque quinze livres de faîne; la faîne est
assez pilée, quand en la pressant entre les doigts,
l'huile en sort; il suffit de la soumettre environ un
quart-d'heure à l'action du pilon pour obtenir cet
effet.

2°. En les soumettant à l'action des meules ver-
ticales en pierre dure dont nous donnerons la des-
cription.

3°. Le meilleur moyen est la mouture; quand
les graines sont écorcées, on les réduit en farine
grossière qu'on passe ensuite à un moulin à farine.
Les meules ne s'engraissent point si elles ne vont
pas très vite et que l'air puisse les rafraîchir.

Dès que l'on a obtenu une farine fine, on en fait
une pâte avec l'eau, on la soumet à la presse de
la même manière que les autres semences oléagi-
neuses et en recourant aux pressoirs divers, que
nous avons décrits tant pour l'huile d'olive que pour
les semences oléagineuses. Lorsqu'il n'en sort plus
d'huile, on remet le marc sous les meules verti-
cales; on l'arrose avec de l'eau tiède qui favorise la
sortie de l'huile en s'emparant du mucilage; on
soumet ensuite cette pâte à la presse; la première
huile porte le nom d'huile vierge, c'est la meilleure.
Quelquefois on ajoute, au second résidu qu'on
passe à la meule, de l'eau bouillante, pour en
extraire une huile d'une qualité inférieure.

L'huile de faîne bien préparée a une couleur ambrée, elle est inodore et a une saveur très douce, surtout si elle a été préparée avec la faîne séparée de l'écorce et de la pellicule; cette huile est très bonne comme aliment; elle peut suppléer à celle d'olive; elle se conserve mieux que toutes les autres; on assure qu'elle s'améliore en vieillissant; elle est délicate à cinq ans et se soutient jusqu'à 10, 20 ans et au-delà. (1)

Tous ceux qui se sont occupés de son extraction ne sont pas d'accord sur les quantités d'huile qu'on peut extraire d'un poids donné de faîne; les uns en ont obtenu un cinquième, les autres un sixième; enfin, des expériences faites à Mont-de-Marsan en 1793, ont donné 28 livres d'huile pour cent livres de graines, ce qui fait plus du quart; cette diffé-rence, dans les produits, nous paraît due :

1°. A l'état du fruit plus ou moins nourri et plus ou moins mûr et sec ;

2°. A l'état de finesse de la pâte ou de la farine ;

3°. A la bonté des pressoirs ;

4°. Aux soins qu'on a pris pour monder la faîne.

Nous croyons devoir ajouter ici le tableau des différentes extractions de l'huile de faîne, tel qu'il a été publié par la commission d'agriculture et des arts. Quant aux procédés accessoires à la fabri-cation de l'huile de faîne, comme ils se rattachent à ceux des autres graines oléagineuses, nous y renvoyons nos lecteurs.

____

(1) Boudin, *loco citato*.

Tableau des différentes extractions de l'huile de faîne.

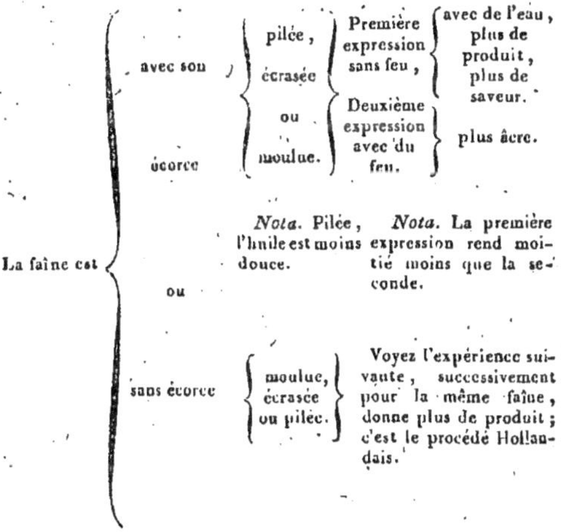

Nota. Sept livres de farine mondée, pressée sans eau, n'ont donné que trois onces d'une huile insipide ; après y avoir ajouté dix onces d'eau tiède, le produit a été de 14 onces d'une huile qui avait le goût de celle d'amandes. Le résidu chauffé à 30° R. avec autres dix onces d'eau chaude, a donné trois onces et demi d'une huile trouble ; total 20 onces et demi.

Autre expérience.

101 livres et demie de farine de deux ans ont été passées dans un moulin à farine, à bras, à meules écartées pour les concasser ; après les avoir passées deux fois au tarare ou crible à vent, elles ont donné,

en farine assez grosse. . . . . 61 liv. 6 onces
L'écorce repassée au tarare a produit
    farine bise. 7   12
Les écorces ou gros son ont pesé . 31   2
Il y a eu donc un déchet de. . . . 1   4

                       Total. . . . 101 liv. 8 onc.

Mais comme le calcul a démontré que dans cette farine bise il n'y avait que deux livres d'amandes; il en résulte qu'un 100 de farine non écorcée se compose de :

          amandes. . . . . . 62 liv.
          écorce. 38
                       100

On a ajouté à cette farine 5 livres 10 onces d'eau tiède, ou une once et demie par livre; après l'avoir laissé humecter pendant demi-heure, on l'a passée, dans des sacs de coutil, à la presse à vis; après avoir laissé égoutter, pendant quatre heures, on a obtenu. . . . . 11 liv. 4 onces d'huile.
Les tourteaux pilés et hu-
    mectés avec 4 livres d'eau
    chaude et exposés dans
    une bassine de fer pen-
    dant un quart-d'heure à
    30° R. et soumis ensuite
    à la presse ont donné. .   1   12
        Total 13

ce qui fait environ le 0,8 en y comprenant l'écorce. L'huile du premier produit est devenue claire en quatre jours; sa saveur était douce avec un goût agréable d'amande; celle du second produit s'est éclaircie plus tard; elle était plus colorée, la saveur en était moins agréable; au bout d'un mois elle s'était bonifiée sensiblement. Il résulte de ce

qui précède et de quelques autres expériences,
1°. que l'huile de la première pression est,

en plus grande quantité, plus
agréable au goût, moins colorée,   que celle de la
et fournit plus de dépôt   seconde pression.

2°. Que toute l'huile de farine écorcée ou mon-
dée, comparativement à celle de chaque pression
qui ne l'est pas, est

en plus grande quantité,
plus agréable au goût,
moins colorée, fournit
moins de dépôt.

Huile de galéope.

De temps immémorial on extrait, dans les en-
virons de Bouillon, une huile des semences du
galéope piquant, galeopsis tetrahit, en les pulvérisant,
et les exposant ensuite à la vapeur de l'eau bouil-
lante, les soumettant à la presse entre deux pla-
ques de fer chaudes et laissant dépurer l'huile
par le repos. En 1804, M. Luc a proposé de retirer
cette huile de trois plantes de cette famille des la-
biées. M. Sonnini les a désignées avec les détails
suivans :

1°. Le *galéope des champs, galeopsis ladanum*, L.
ou bien *ortie rouge, crapaudine des champs*, fleurs à
verticilles écartés et rouges, calice sans épine,
feuilles lancéolées, rarement lancéolée, etc. ; elle
croît partout, dans les champs, le long des che-
mins, etc.

2°. Le *galéope piquant, galeopsis tetrahit*, ou *chan-
vrin, ortie royale*; fleurs rouges, à verticilles supé-
rieurs presque contigus, calice garni de dents, etc.;
se trouve dans les bois et les champs, près des
maisons, sur les bords des chemins, etc.

3°. Le *galéopside à grandes fleurs*, *galeopsis grandi-flora*, L.; fleurs d'un blanc jaunâtre, feuilles ovales, pétiolées, dentelées, velues, douces au toucher; elle vient très bien sur les sols légers et sablonneux.

Comme ces plantes croissent naturellement, il est évident que leur culture serait des plus faciles; leurs semences se récoltent en été et de la même manière que celles du colza.

L'huile de galéope est très douce et a le goût de noisette; elle peut, dit M. Luc, remplacer en beaucoup de cas l'huile d'olive. M. Sonnini fait cependant observer, que, dans les environs de Bouillon, on ne l'emploie guère qu'à brûler; elle est aussi très recherchée par les vitriers pour préparer leur mastic. On pourrait la préparer en grand comme celle des autres graines oléagineuses.

Huile de julienne, Hesperis matronalis.

La première idée de la culture de cette plante est due à M. Delys, sur les notes duquel M. Sonnini publia un Mémoire très-intéressant dans le tome 1er de la *Bibliothéque physico-économique* (1804). Cette plante appartient à la tétradynamie siliqueuse. Sa tige est droite, cylindrique, un peu velue, rameuse et garnie de feuilles lancéolées, etc. Elle croît naturellement dans les prairies et les lieux ombragés de l'Italie et de plusieurs autres parties méridionales de l'Europe. En France, elle est une de celles qui font l'ornement des jardins. La julienne, comme plante à semence oléagineuse, mérite cependant de fixer l'attention des agronomes, puisque c'est une de celles qu'on exploite pour l'extraction des huiles, et qui en produit le plus. M. Sonnini rapporte qu'il parvint à retirer de sept pintes de semences de julienne plus d'une pinte d'huile. Les expériences comparatives qu'il a

faites pendant plusieurs années sur l'extraction des
huiles de chenevis, de julienne et de navette, lui
ont donné pour terme moyen :

Une mesure de 38 livres de graines de ju-
  lienne. . . . , ... 8 pintes $\frac{1}{4}$ d'huile.
    id. . . . . *id.* de navette. 7 $\frac{1}{2}$
    id. . . . . *id.* de chenevis. 5

M. l'abbé Delys pense que la culture de la ju-
lienne est beaucoup plus avantageuse que celle du
colza, en supposant même que ses semences don-
nassent moins d'huile. Les semences des juliennes
sont plus petites que celles du colza; mais la quan-
tité que cette plante en donne compense la gros-
seur de celles de cette dernière.

L'huile de julienne a une saveur amère et âcre;
elle se fige comme celle d'olive; elle brûle très
bien, ne se consume pas plus vite que les autres
huiles, ne répand pas d'odeur, et produit une vive
lumière. Il est bon de faire observer qu'elle donne
une fumée noire et abondante, qui colore le linge
des personnes qui travaillent à la lueur des lampes
alimentées par cette huile. Il y a apparence que,
par l'épuration, on lui enleverait ce défaut et une
partie de sa saveur.

On sème la julienne dans le mois d'octobre, dans
une bonne terre : on la recouvre avec la herse; on
lui donne au commencement du printemps un sar-
clage pour la débarrasser des herbes étrangères ;
elle fleurit au mois de juin ; ses fleurs sont blanches,
purpurines ou panachées ; elles ont une odeur suave;
on arrache la plante quand elle est en maturité par-
faite. Les graines qui tombent servent à la renou-
veler sans aucun soin. Depuis dix ans que mon ter-
rain est semé de juliennes, dit M. Sonnini, il n'a
cessé de produire avec la même vigueur et le même

bénéfice (1). Ce qui est digne de remarque, c'est que les froids les plus rigoureux de la Lorraine n'ont produit aucun mauvais effet sur cette plante.

On peut également semer la julienne avec l'avoine ou le sarrasin.

Huile de lin.

Avant de faire connaître la préparation de l'huile de lin, nous croyons utile de dire un mot de sa culture. Parmi les agronomes qui s'en sont spécialement occupés, nous citerons M. Saint-Amand, qui a publié dans la *Bibliothèque physico-économique* un Mémoire fort intéressant, auquel nous avons emprunté les notions suivantes :

Le lin, *linum usitatissimum*, L., exige des terrains différens, suivant que l'on veut avoir de belles et bonnes graines, ou suivant que l'on veut obtenir la finesse des brins. On doit rechercher la terre douce, substantielle, un peu limoneuse, dans un lieu bas et non marécageux. Le lin réussit bien dans une terre un peu forte ; mais il sera plus fin et plus soyeux s'il est récolté dans une terre légère. L'une et l'autre terre doivent être amendées et travaillées profondément : les terres sablonneuses, ainsi que celles qui sont trop légères ou exposées sur les lieux élevés ne lui conviennent point à cause de la sécheresse. Au reste, quelle que soit la terre dans laquelle on ait semé le lin, la température de l'année influe beaucoup sur sa production. En effet, si l'été est chaud, dans les lieux bas et humides, il vient très bien ; il n'en est pas de même dans les lieux secs ou élevés ; le contraire a lieu si l'été est humide. En général, il ne faut pas semer deux

---

(1) Dans ce cas on doit, au mois de mars, arracher la surabondance des plantes et les planter ailleurs.

années de suite le lin dans le même champ, à
moins que le terrain ne soit des plus fertiles.

Lorsqu'on veut semer le lin dans une terre, on
doit faire en sorte qu'elle soit bien ameublie, et lui
donner trois ou quatre bons labours. Le premier a
lieu au mois de juillet, dans le midi, et au mois
d'août, dans le nord ; le second, dans le mois de
novembre ; le troisième, au mois de mars, dans le
midi, et au mois d'août, dans le nord ; c'est alors
que l'on répand du fumier dans les sillons que
l'on recouvre aussitôt : enfin, on laboure, pour la
quatrième fois, au moment de le semer.

Dans le midi de la France et dans ceux du centre,
on sème le lin au commencement d'octobre : dans
le nord, et particulièrement en Courlande, à Riga,
en Saxe, en Flandre, etc., on ne sème qu'au
printemps. En général, le fil de celui-ci est plus
fin, plus délié, plus soyeux ; mais l'expérience a
démontré que la graine de lin d'automne était la
meilleure. La bonne graine de lin doit être courte,
grosse, épaisse, rondelette, ferme, pesante, d'un
brun clair, et huileuse. Celle qui ne réunit pas ces
qualités, et qui a contracté une couleur verdâtre,
doit être rejetée tant comme semence que comme
destinée à la fabrication de l'huile. La plus estimée
est celle de Riga ; on en vend sous ce nom qui pro-
viennent de la Prusse et de la Russie ; la Zélande
en produit qui ne le cède en rien à celle de Riga.
Des agriculteurs sèment la graine qu'ils ont récol-
tée ; mais l'expérience a démontré que le change-
ment donnait de meilleurs résultats. La quantité
de graine de lin, à semer par hectare, diffère sui-
vant la nature du terrain et l'époque des semailles ;
ainsi le lin du printemps se sème plus clair que
celui d'automne. Si l'on veut avoir de la bonne
graine on doit semer clair, et employer, en gé-
néral, 150 livres de graine pour un peu plus du
tiers d'un hectare, tandis que l'on en met 180 lors-

qu'on recherche la finesse des fils. En Flandre, on
en met le double pour les lins à ramer. Dans le
Béarn, on porte cette quantité jusqu'à 3oo pour le
gros lin , et au-delà pour le petit. Quand la graine
est semée, on la couvre avec la herse ; on sarcle,
quand les herbes ont poussé ; on rame ensuite ceux
qui ont besoin de l'être, et on l'arrache ordinaire-
ment par un temps bien sec. Lorsqu'il a pris une
couleur jaunâtre, on le réunit en gerbes , que l'on
achève de faire sécher au soleil ; après quoi, l'on
en sépare la graine et l'on fait rouir la tige. Cette
semence doit être exposée quelque temps à l'air ,
afin que sa dessication soit complète.

Lorsqu'on veut préparer l'huile de la graine de lin,
il suffit de la piler ou de la réduire en farine, au mou-
lin, et de la soumettre au pressoir ; mais on n'en ob-
tient par ce moyen qu'une petite quantité qui, à la
vérité, est la plus pure. Quand on veut la préparer
en grand , on la torréfie afin de détruire la grande
quantité de mucilage qu'elle contient ; on la broie
ensuite ; on la chauffe avec un peu d'eau, et on la
soumet à la presse ; alors elle est rougeâtre et a
une odeur et une saveur empyreumatiques. Cepen-
dant la couleur la plus ordinaire de cette huile ,
quand cette torréfaction n'est pas poussée trop
loin, est jaune verdâtre ; elle a une odeur et une sa-
veur particulières ; elle est très siccative , aussi a-t-
elle de nombreuses applications dans la peinture et
dans les arts. On doit appliquer à sa préparation en
grand les moyens divers que nous indiquerons pour
la préparation des huiles des graines en général.

Manière de faire l'huile de lin en Sicile.

On porte la graine de lin au moulin à huile, où
on la fait moudre jusqu'à ce qu'elle soit réduite en
une espèce de pâte ; on continue à la pétrir pen-
dant cinq quarts d'heure, en ayant soin d'y jeter

de l'eau dessus, de temps en temps. Quand cette pâte
est bien écrasée, on la vanne, afin d'en séparer
toutes-les parties étrangères ; on passe de nouveau
à la meule le résidu du van, que l'on nomme lês
sóagli. On place ensuite cette poudre dans de petits
cabas faits avec le jonc, et on les porte au pres-
soir ; on en retire ainsi une huile très claire : on
lave ces cabas, après en avoir tiré les tourteaux que
l'on vend pour engraisser les bestiaux ; chaque
pressée donne 100 livres d'huile : on la place dans
des jarres pour la laisser déposer avant de l'expé-
dier à l'étranger. La graine de lin, principalement
employée à cette extraction, est le *linum sativum
vernale, vegetiùs ac robustiùs nigro virens, ex mascu-
lino semine preditum.*

Huile de lin dite *de la marmite.*

On prend :

> Huile de lin. . . . . 15 livres.
> Minium ou du cinabre . 1   8 onces.
> Céruse. 2   4
> Terre d'ombre. . . . . »   4

On place la marmite sur le fourneau ; on y verse
ces substances qu'on fait bouillir ensemble pendant
trente-six ou quarante minutes, en ayant soin de les
remuer de temps en temps avec une spatule de bois,
et en faisant attention que l'huile soit ni trop peu
cuite, ni trop visqueuse par la cuisson. Quand elle est
au point convenable, on la retire du feu, et l'on
jette dans la marmite environ une demi-livre de
pain, croûte et mie ; on la couvre et on laisse re-
froidir pendant un jour.

Cette huile ainsi préparée est souvent employée
dans les arts : nous croyons qu'elle diffère peu de
la suivante.

9

Huile de lin lithargirée.

L'huile lithargirée étant beaucoup plus siccative que l'huile de lin ordinaire, est par conséquent beaucoup plus employée dans la peinture, et surtout dans les vernis gras. Voici la manière de faire cette opération. On prend sept à huit parties de litharge en poudre fine, que l'on fait bouillir avec une d'huile de lin : on agite de temps en temps avec une spatule, et l'on enlève soigneusement l'écume qui se forme ; on la retire du feu dès le moment qu'elle a acquis une couleur rougeâtre ; il suffit du repos pour en opérer la clarification. Tout porte à croire que cette huile retient de la litharge, avec laquelle elle forme une espèce de savon métallique.

Huile de lin cuite, ou vernis.

On prend une quantité donnée d'huile de lin, que l'on fait bouillir dans un vase de terre ; aussitôt qu'elle est en ébullition on l'enflamme, et on la laisse brûler pendant environ une demi-heure : au bout de ce temps on l'éteint, et on la fait bouillir à petit feu jusqu'à ce qu'elle ait acquis la consistance convenable ; elle porte alors le nom de *vernis.* En broyant cette huile avec un sixième de son poids de noir de fumée on obtient l'encre des imprimeurs.

Huile de moutarde.

Les diverses espèces de moutarde sont susceptibles de donner deux huiles ; l'une qui est volatile et contenue dans l'enveloppe séminale, et l'autre qui est douce et contenue dans les cotylédons. Des diverses moutardes le *sinapis alba* est la seule cultivée en Angleterre dans quelques localités ; en France on la sème aux environs de Villefranche. Dans le midi, et principalement aux environs de Narbonne, elle croît naturellement avec le *sinapis nigra, moutarde noire*. Dans le domaine de *Tauran*, et sur les bords d'une petite rivière, dite la Mayral, elle s'y trouve annuellement en si grande quantité que les paysans vont en ramasser les semences pour les livrer au commerce. En 1820, le propriétaire s'en étant tardivement avisé, en fit couper plusieurs charretées qu'il porta au sol pour en extraire les graines. Cette plante se plaît tellement dans ce terroir que nous en avons vu, avec M. Delille, qui avaient plus de huit pieds de hauteur; l'on voit, d'après cela, combien une exploitation que l'on dédaigne ou que l'on ne connaît pas, pourrait être avantageuse tant comme fourrage que pour l'extraction de l'huile.

La moutarde est très productive; elle croît aux environs des maisons et des chemins, ainsi que dans les terres les plus mauvaises et les plus maigres. On la sème vers la fin de mars, et on la récolte vers la fin d'août. M. Fischer de Creilsheim dit qu'en ayant semé une livre dans un champ de 90 perches, il en récolta 558 livres de graines desquelles il garda une livre et demi pour ensemencer l'année suivante. Le reste donna 36 livres d'huile au moulin par la première pression à froid, et 45 par la seconde à chaud : total 81 livres. Cette quantité est inférieure à celle que l'*Oracle de l'agriculture* dit qu'on en extrait (tom. 1, page 35), qui est de 30 pour 100. Quant à moi je n'ai trouvé ces proportions que de 20 à 25 pour 100, ainsi que je l'ai consigné dans mon mémoire sur la moutarde, auquel les Sociétés royales de Marseille et de Toulouse décernèrent une médaille, et qui est consigné, par extrait, dans le *Journal de Chimie médicale* et dans l'*Art du vinaigrier* et du *moutardier* que j'ai publié en 1827.

La moutarde a été rangée par Linné dans la pentandrie monogynie ; on en compte environ vingt espèces, toutes susceptibles de donner de l'huile ; cependant on donne la préférence à la grande ou *senevé ordinaire* ; celle du commerce est un mélange des *sinapis alba et nigra* : on regarde cette dernière comme étant plus énergique. La floraison de cette plante dure tout l'été, et les fleurs, en se succédant l'une à l'autre, se montrent jusqu'au sommet de la tige.

L'huile de moutarde est d'une couleur ambrée, et d'une saveur très douce ; cependant M. Thieberge en a obtenu qui était un peu verdâtre, et avait une légère odeur de moutarde, qu'il attribue à un peu d'huile volatile. Cet effet me paraît dû à ce qu'il employa, pour l'extraire, des plaques chauffées, tandis que j'opérai à froid. L'action de l'air sur cette huile n'est pas aussi énergique que sur celle d'olive ; j'en ai conservé pendant deux ans dans un flacon qui n'était rempli qu'aux deux tiers, sans se rancir. Par les plus grands froids de 1808, l'huile de moutarde ne s'est point figée, mais seulement épaissie et décolorée, ce qui la rend précieuse pour l'horlogerie. Ce fait ne s'accorde point avec l'opinion de M. de Fourcroy, qui assure que les huiles qui se figent le plus vite sont les moins altérables, et que celles qui sont difficilement congelables sont les plus sujettes à rancir. Le poids spécifique de cette huile est un peu plus fort que celui de celle d'olive ; il est à celui de l'eau : : 9,202 : 1,000. Cent parties d'éther en dissolvent vingt-trois, tandis qu'il faut plus de 1,000 parties d'alcool à 36° pour en dissoudre une. Unie à la soude caustique elle donne un savon ferme et d'une couleur jaunâtre.

M. Fischer a reconnu qu'un arpent de terre médiocre donne 3 livres de moutarde par perche, ce qui fait 1080 livres. qui rendent 163 livres d'huile.

par arpent; laquelle huile dépurée pèse 142 livres.
Un arpent de terre légère et sablonneuse en donne
2 livres et demie par perche, ce qui fait 900 livres
par arpent, lesquelles produisent 144 livres d'huile
qui, par la dépuration, se réduisent à 130.

Suivant cet auteur, on peut enlever très aisé-
ment à l'huile de moutarde son mauvais goût, en
y ajoutant un tiers de son poids d'eau, dans la-
quelle on délaie auparavant une once, par livre
de ce liquide, d'argile en poudre et tamisée; on
doit avoir soin d'agiter le tout de temps en temps.
Au bout de sept à huit jours on enlève l'huile qui
surnage le mélange, et qui est alors blanche et de
bon goût. Suivant M. Fischer on parvient, par ce
même moyen, à dépouiller toutes sortes d'huiles
de leur odeur et de leur mauvais goût.

Chou-navet, brassica oler., napus brassica,
navets ou navette. Var.

La navette est cultivée dans un grand nombre
de localités, telles que la Picardie, la Brie, la
Champagne, l'Artois, l'Alsace, la Normandie, les
environs de Cologne, le Brabant; les parties de
l'Allemagne qui avoisinent le Rhin, à Gênes,
dans le département du Jura, et plus encore à
Arbois où elle se reproduit naturellement dans les
champs, les haies, etc. Sa semence est un peu
plus petite que celle du colza. Après la récolte du
froment on donne un labour à la terre pour en-
terrer le chaume, et on y sème la navette, du 15
au 30 août. Il est des cultivateurs qui, en hiver,
y jettent du fumier frais afin de garantir les plantes
des fortes gelées qui les font périr. On n'arrache
pas les plans de navette pour les replanter, comme
on fait pour ceux de colza, mais, dans la première
quinzaine de mars on sarcle et l'on éclaircit les
pieds de manière à ce qu'ils soient à distance

de 3 à 5 décimètres, suivant la bonté du sol et la force de la plante. Du 1 au 15 juin on sème dans ces intervalles du maïs ou des pommes de terre.

D'après M. Dumont, le produit d'un journal, dans l'Arbois, de navette bien soignée, est de vingt boisseaux ou cinq hectolitres, qui ne valent jamais moins de cinq francs le boisseau.

L'huile de navette est semblable à celle de colza; elle se prépare et se dépure de même; elle est tant soit peu moins visqueuse.

On peut également extraire une huile semblable de toutes les variétés de navets, telles que :

le navet blanc plat,
— blanc-long,
— long de Berlin à collet rouge,
— long de Berlin à collet vert,
— blanc hâtif,
— de Belleville,
— gros long d'Alsace,
— jaune de Hollande, ou navet-abricot excellent,
— de Freneuse (préféré à tous les autres pour la table),
— de Meaux,
— le petit de Berlin, dit *tellau*,
— le gris,
— le noir,
— le rouge, ne tenant à la terre que par un fil,
— de Saint-Omer ou d'Artois, très large, rond et aplati,
— ou rabe de limousin,
— turneps,
— de Saulieu, à écorce brune,
— rose du Palatinat,
— de Suède; on en mange les feuilles, etc.

Tous ces navets peuvent être semés jusqu'au mois d'août; il en est qui résistent à 7 à 8 degrés de froid. — o. Le sol où on les sème exerce beaucoup d'influence sur ces variétés. Celui qui leur

paraît le plus convenable est un terrain sablonneux
sec et maigre. Dans les terres bonnes, ils deviennent
plus gros il est vrai, mais ils ont moins de saveur.

Huile d'œillet ou pavot, papaver somniferum.

Dans le commerce on donne le nom d'*huile
d'œillet* ou *œillette* à celle qu'on extrait des semences
de pavot, *papaver somniferum;* elles doivent être pe-
tites, noires, bien nettes, onctueuses quand elles
sont écrasées, et avoir le goût de noisette. Dans la
Flandre on les sème du 15 au 3o avril, et on les ré-
colte vers la fin du mois d'août; on cultive aussi ce
pavot, pour en extraïre l'huile, dans les départe-
mens du Nord et du Pas-de-Calais, aux environs
d'Arras, de Douai, de Lille, en Alsace, etc. M. le
comte d'Ourches a introduit cette culture dans le
département du Loiret; on y sème les graines du
1er septembre au 1er octobre, ou, suivant la saison,
en février, mars et avril, dans les champs de pom-
mes de terre où il réussit très bien. Il faut cinq li-
tres $\frac{15}{100}$ de graines pour ensemencer un hectare de
terrain. L'œillet ou pavot blanc s'élève jusqu'à cinq
pieds de hauteur., et produit de belles fleurs aux-
quelles succèdent des capsules où sont logées les
graines. Il faut cinq hectolitres 18 litres de ces grai-
nes pour produire un hectolitre d'huile qui pèse 188
livres et demie poids de marc; dans le départe-
ment du Loiret, M. d'Ourches en a extrait de cha-
que double décalitre, six litres et demi d'huile,
ce qui fait environ le tiers. Cette quantité est beau-
coup plus forte que celle que l'on en retire en
Flandre.

L'huile d'œillet pure est moins visqueuse que
la plupart des autres; elle est d'un blanc jaunâtre,
inodore, d'un goût d'amande et ne se fige pas
à o. La litharge la rend siccative; cette huile est
très employée comme aliment; c'est celle qui est

la plus propre à remplacer celle d'olive, lors-
qu'elle est bien dépurée et qu'elle n'a pas cette
odeur qu'on appelle *de feu*. Traitée par les alcalis
elle donne un savon gris ; son poids spécifique est
de 930.

On peut également extraire une huile analogue
des pavots suivans :

Papaver *Argemone*,   — *Dubium*.
    — *Nudicaule*,   — *Cambricum*.
    — *Alpinum* ,   — *Orientale*.
    — *Hybridum*.

Cette huile se prépare et se dépure comme celle
des autres graines oléagineuses.

Huile de pepins de raisin.

On sait depuis long-temps que les pepins de rai-
sin contiennent beaucoup d'huile, et cependant
nous ne connaissons en France aucun établisse-
ment consacré à cette extraction. Les pepins de
raisin paraissent donc absolument perdus ; cepen-
dant en Piémont, dans l'Italie, le Levant, etc.,
cette exploitation a lieu, puisque cette huile est
employée.

A Bergame, depuis. . . . .   66 ans.
A Rome et dans les environs d'An-
    cône, depuis.   1782
A Naples, Castellamare et Resina , de-
    puis.   1818
En Allemagne, depuis.   1787

En France, divers essais ont été faits sur l'ex-
traction de cette huile ; l'on nous a même assuré
qu'on avait vu, en 1800, un moulin d'huile de
pepins de raisin établi à Alby de temps immémorial.

Cette fabrication avait paru d'une haute im-
portance, puisque la Société économique de Berne,

qui s'en était occupée, avait publié un mémoire
fort intéressant sur ce sujet en 1782.

Un an auparavant, la Société Géorgique de
Rome avait fait imprimer un travail très curieux,
ayant pour titre : *Memoria sulla maniera di estrarre
l'olio dai vinaccioli dalle granella dell' uva*, in-8°,
avec fig., Rome, 1778; ou *Mémoire sur la manière
d'extraire l'huile des pepins de raisin*, etc.

En 1791, on commença à se livrer à de nouveaux
essais sur divers points de la France, et même à
Paris, ainsi qu'on le voit dans la feuille du *Culti-
vateur*, de la même année; ces essais furent très
satisfaisans. Depuis, plusieurs personnes s'en sont
occupées et ont obtenu des résultats heureux.

M. Batilliat (Compte-rendu des travaux de la
Société des sciences et arts de Mâcon, 1813) a re-
tiré du marc de raisin, de huit tonneaux qu'il
passa au crible, deux tonneaux de pepins qui lui
donnèrent 16 kilogrammes d'huile.

M. Rougier de la Bergerie obtint des résultats
encore plus avantageux.

En 1823, M. Boudrey, de Molesme, retira du
marc de huit feuillettes de vin, 3 hectolitres de pe-
pins, qui produisirent 30 litres d'huile, ce qui fait
10 pour 100.

En 1824, M. Bouchotte, distillateur à Clermont-
Tonnerre, parvint à extraire de 30 livres de pe-
pins, 3 litres d'huile, ce qui fait plus de 18 p. 100;
il est vrai qu'en 1824 la maturité des raisins était
plus parfaite qu'en 1823. M. Bouchotte s'est aperçu
que le marc, d'où l'on avait extrait les pepins de
raisin, donnait, par la distillation, une eau-de-
vie qui lui a paru meilleure.

L'huile de pepins de raisin a besoin, il est vrai,
d'être dépurée : 100 livres se réduisent à 75, plus
25 livres d'un marc qui peut servir à la fabrica-
tion du savon. Cette huile, pour l'éclairage, l'em-
porte sur celle de noix, et rivalise avec celle d'o-

live, tant par sa vive lumière que parce qu'elle ne répand ni odeur ni fumée. Tels sont les motifs qui nous ont paru propres à la présenter à l'attention des agronomes, avec d'autant plus de raison que les pepins de raisin sont perdus pour eux.

Dans le midi de la France il y a des propriétaires qui récoltent jusqu'à quinze cents muids de vin de 48 veltes. Le marc de chaque muid de vin produit, terme moyen, 60 livres de pepins, lesquels peuvent donner depuis 6 jusqu'à 10 livres d'huile, sans cependant renoncer à la vente du marc, soit pour l'eau-de-vie, soit pour la fabrication du *vert-de-gris*. Or, un propriétaire qui récolte quinze cents muids de vin peut extraire des pepins de ses raisins depuis 90 jusqu'à 150 quintaux d'huile, et appliquer le résidu des pepins au chauffage. Il est aisé de juger, d'après ce fait, de l'énorme quantité d'huile qu'on perd annuellement dans les pays de vignobles.

Extraction. Le procédé qui est usité en Italie, consiste à moudre les pepins de raisin, ainsi que nous l'avons déjà dit, ou bien à les broyer sous une meule verticale semblable à celle des tanneries, des moulins d'huile d'olive, etc., en ayant soin de jeter de temps en temps un peu d'eau chaude sur la poudre, pour éviter l'empâtement de la meule, et en broyant bien fin ces pepins; car la quantité d'huile que l'on en extrait est en raison directe de cette finesse. On place alors cette poudre dans une chaudière en cuivre, et on y ajoute peu à peu du quart au tiers de son poids d'eau à 50°, que l'on y incorpore de manière à ce que la pâte soit sans grumeaux. On allume alors le fourneau, et on la chauffe à une douce chaleur, que l'on entretient jusqu'à ce qu'on s'aperçoive qu'en pressant cette pâte dans la main il en suinte un peu d'huile entre les doigts : c'est alors le point de cuite. On doit bien faire attention de remuer constamment la pâte dans la chaudière, et de ne

pas donner un coup de feu trop fort, parce que
l'huile contracterait un goût d'empyreume. Cette
pâte est alors placée dans de grandes toiles faites
avec du crin et du chanvre, qu'on serre au moyen
de sangles, après quoi elle est soumise à l'action
d'un pressoir à coings. Lorsqu'il n'en sort plus
rien, on porte le résidu sous la meule, et on
renouvelle cette même opération. Par ce moyen
on extrait de 100 livres de pepins depuis 12 jus-
qu'à 20 livres d'huile. Si l'on voulait tenter cette
exploitation en France, il serait peut-être plus
avantageux d'employer le traitement par la va-
peur, tel qu'on le pratique en Angleterre pour les
graines oléagineuses.

Je vais maintenant faire connaître la cause de
cette variation dans le produit.

1°. Les pepins des raisins blancs sont moins ri-
ches en huile que ceux des raisins noirs.

2°. Les pepins frais en fournissent beaucoup plus
que les vieux. J'en ai examiné qui m'avaient été re-
mis par M. Faure, fabricant de *vert-de-gris* à Nar-
bonne, et qui avaient plus d'un an : je n'ai pu en
extraire que 8 pour 100 d'huile.

3°. Les pepins de raisin d'une vigne dans sa plus
grande vigueur donnent beaucoup plus d'huile
que ceux d'une vieille vigne, et ceux de celle-ci
un peu plus que ceux d'une jeune.

4°. Les pepins des vignes du Roussillon, de
l'Aude et de l'Hérault, donnent 2 pour 100 de plus
que ceux des vignes de Bordeaux.

Relativement aux espèces de raisin, plusieurs
expériences m'ont démontré que la quantité d'huile
qui en provenait était relative à chaque espèce :
ainsi j'en ai retiré de cent parties de

Raisins noirs.

Grenache, *vitis acino nigro subrotundo subaus-
tero.* 0,185

Caragnane, *vitis acino oblongo, subnigro,
dulcis et molli.* 0,184
Piquepouil noir, *vitis pergulana, uvâ peram-
plâ, acino oblongo, duro et nigro,* 0,178
Terret, *vitis uvâ peramplâ, acino rotundo, ni-
gro, dulco, acido.* 0,165

Raisins blancs.

Piquepouil gris, *vitis acinis minoribus, dulci-
bus et griseis.* 0,162
Muscat, *vitis acinis albis, dulcissimis.* 0,155
Muscat romain, *vitis pergulana, acinis majo-
ribus, oblongis, duris et acuminatis.* 0,150
Panse, *vitis uvâ peramplâ, acino rotundo, su-
balbido, dulcior :* c'est l'espèce avec laquelle
on prépare les raisins secs. 0,135
Blanquette, ou clarette, *vitis serotina, acinis
minoribus, acutis flavo albido, dulcissimis.* 0,135
Ugnos, *vitis acino rotundo, albido, flavo,
dulco.* 0,114

Les raisins, sur les pepins desquels les expérien-
ces ont été faites, proviennent du Roussillon et de
Narbonne. Les plants des vignes de ces localités
sont la caragnane, la grenache, le piquepouil
noir et gris, le ribairenc, le terret et la blanquette.
Les autres espèces sont beaucoup plus rares.

L'huile des pepins de raisin est d'un jaune doré,
quand elle est extraite des pepins récens ; elle est
brunâtre et a un goût âcre s'ils sont vieux. Dans le
premier cas, elle est douce et presque inodore,
si elle a été extraite à froid ; si l'on a recours à la
chaleur, elle conserve une légère saveur acerbe,
qu'on lui enlève en l'agitant avec deux centièmes
de son poids d'acide sulfurique, et la battant en-
suite avec le double de son poids d'eau. Cette huile
brûle avec une flamme claire et sans odeur ni fu-
mée ; elle ne se fige qu'au-dessous de o. Exposée à

l'action de l'air, elle rancit, devient très poisseuse, acquiert une couleur brunâtre, et prend une consistance égale à celle de la térébenthine épaisse ; elle se saponifie très bien avec les alcalis. Trois livres, ainsi traitées, m'ont donné 5 livres 4 onces de savon, dont le poids s'est réduit, au bout de trois mois, à 4 livres 10 onces. Ce savon est d'un gris jaunâtre, beaucoup plus mou que celui avec l'huile d'olive, et n'en acquérant jamais la densité.

De ces divers faits, je crois pouvoir conclure qu'il serait avantageux d'extraire l'huile des pepins de raisin, laquelle pourrait être très utilement employée, tant pour l'éclairage que pour les arts.

Huile de raifort de la Chine.

Toutes les semences de la famille des crucifères sont susceptibles de donner des huiles ; l'une, qui est volatile, se trouve contenue dans les enveloppes de la graine, et l'autre, qui est douce, dans les cotylédons. Tous les raiforts sont donc susceptibles d'en produire ; mais il est une espèce qui a fixé plus particulièrement l'attention des cultivateurs, c'est le *raphanus sinensis*, *raifort de la Chine*, dont M. de Grandi a introduit la culture en Italie vers 1790 : cette semence donne beaucoup d'huile ; des expériences faites à Venise, démontrent que cette huile est excellente, tant pour la cuisine que pour l'éclairage.

Le docteur F. di Oliviero dit qu'elle est très bonne pour combattre les affections rhumatismales et pulmonaires, ainsi que les pleurésies et les toux convulsives.

Cette plante ne craint point les plus fortes gelées ; on la sème en septembre, en mai et en juin ; son huile s'altère difficilement : on la prépare comme celle des autres semences oléagineuses.

Le radis réclame une place dans la grande culture ; en Flandre il porte le nom de rave, et la rave longue porte celui de radis ; c'est l'inverse de Paris : il est reconnu que le grand raifort donne une huile excellente pour l'éclairage.

Huile de ricin, ricinus communis , L.

Le ricin, connu aussi sous le nom de *palma-christi*, est une plante originaire d'Amérique, qu'on trouve maintenant, comme plante d'agrément, dans tous les jardins de l'Europe. Dans quelques contrées de l'Espagne, telles que l'Andalousie, Barcelone, elle s'élève à une grande hauteur et y vit plusieurs années, tandis qu'elle est annuelle en France. Le ricin a d'abord été cultivé en grand dans la Hollande et l'Italie, et, depuis une vingtaine d'années, dans quelques parties du midi de la France, notamment dans les environs de Nîmes. M. Limouzin-Lamotte l'a cultivée aussi dans le département de la Haute-Garonne, et les pieds de cette plante se sont élevés, dans ce sol, jusqu'à plusieurs mètres de hauteur.

Le ricin se sème en France vers le commencement de mars, dans les bonnes terres un peu humides, de la même manière que le maïs, mais les semences à une plus grande distance les unes des autres. Si la terre est bonne et que la plante puisse bien se développer, elle acquiert une grosseur telle, que l'auteur précité en a vu égaler en volume des arbres qui auraient six fois plus d'âge, et donner jusqu'à 3 livres de graines. Cette plante doit être sarclée, quand elle a trois ou quatre feuilles; si les pieds sont trop épais on les éclaircit. On doit le chausser comme le maïs, et réitérer cette opération, s'il en est besoin, jusqu'à ce que le premier épi se soit développé. Le ricin produit de neuf à dix épis ou grappes ; ils sont d'autant plus longs et plus garnis que la terre est meilleure ; ces épis sont formés par des capsules à trois étages qui renferment chacune une semence de la grosseur d'un haricot moyen. D'après un calcul approximatif qui en a été fait, le produit de chaque semence est, terme moyen, de 8 à 900 pour 1 : ces semences épluchées fournissent plus de la moitié de leur poids d'huile.

Là culture du ricin offre un autre avantage, c'est qu'on peut semer, entre les pieds des plantes, des haricots, des pois ou du maïs.

Préparation de l'huile de ricin par le procédé de M. Planche.

Cet habile pharmacien prépare en grand cette huile de la manière suivante. Après avoir criblé les semences de ricin, et les avoir mondées à la main, il les met dans un vase, dans lequel il verse ensuite de l'eau chaude pour les laver; il fait couler ensuite cette eau, qui est fortement colorée, et renouvelle ces lotions jusqu'à ce que le liquide sorte incolore. Après que ces semences ont été agitées sur un tamis, il les fait réduire en pâte très fine dans un mortier de marbre, et en forme une émulsion en y ajoutant suffisante quantité d'eau froide; après quelques minutes de repos, il décante cette émulsion et lave le résidu avec de nouvelle eau froide, et ajoute cette émulsion à la première; il les passe ensuite à travers un tamis de crin très fin, les verse dans une bassine d'argent et les porte à l'ébullition; au bout d'un quart d'heure il se rassemble à la surface une substance huileuse épaisse, qu'il enlève soigneusement. M. Planche fait ensuite bouillir cette huile dans une bassine d'argent jusqu'à ce que le mucilage, coercé par la chaleur, oblige l'huile à l'abandonner; lorsqu'elle est ainsi privée de toute humidité, il la verse sur un linge fin, à travers lequel elle passe claire, blanche et très douce.

Procédé de M. Faguer.

L'on sait que les procédés d'extraction de l'huile de ricin peuvent avoir lieu par simple expression, par l'ébullition dans l'eau ou par celle de l'ébullition de l'émulsion. M. Faguer a proposé une autre méthode basée sur la propriété dont jouit l'alcool de dissoudre l'huile de ricin et d'en séparer le mucilage. En conséquence, il réduit en pâte les semences de ricin, mondées de leurs enveloppes, et ajoute à cette pâte quatre onces d'alcool par livre ; il soumet ensuite le mélange à la presse entre des coutils, retire, par la distillation, la moitié de l'alcool employé, et lave ensuite à plusieurs eaux l'huile résidu de cette distillation, afin de séparer le reste de l'alcool. L'huile étant séparée de l'eau, il en dégage l'humidité en la plaçant sur un feu doux, et il la filtre ensuite dans une étuve chauffée à 30°.

Cette huile, ainsi obtenue, est très belle et très douce ; si on ne sépare pas les enveloppes de la semence, elle est un peu colorée ; quoique ayant cependant la même saveur. M. Faguer a retiré, d'une livre de semence mondée, 10 onces d'huile, et de celle non mondée, 7 ; M. Henry en a même obtenu des quantités plus grandes, par le même moyen qui, d'après cela, paraît donner beaucoup plus d'huile que les anciens procédés.

Huile de tournesol.

Le *tournesol* ou *soleil* est désigné par les botanistes sous le nom d'*helianthus annuus*. On cultive cette plante dans nos jardins ; il serait très facile de la ranger dans la grande culture : sa tige s'élève jusqu'à 8 pieds de hauteur ; elle est forte, et, vers le milieu, elle se divise en rameaux qu'accompagnent de larges feuilles lancéolées et couvertes de poils.

Les fleurs ressemblent au disque du soleil; elles ont
quelquefois jusqu'à un pied et demi de circonfé-
rence; elles sont situées à l'extrémité des rameaux
et de la tige principale; celle qui est au bout de
celle-ci est plus grosse et plus élevée; toutes s'in-
clinent vers le sud et portent un grand nombre de
semences qui succèdent aux fleurons, et qui sont
déposées sur le réceptacle commun. Ces semences
sont très blanches et recouvertes d'une enveloppe
dure et d'un noir luisant : dépouillées de cette en-
veloppe et réduites en pâte, elles donnent plus de
40 pour 100 d'une huile blanche et douce, qui se
rapproche beaucoup de celle de citrouille.

Résumé sur l'huile des graines oléagineuses.

Quoique toutes les substances que nous venons
d'énumérer soient de nature oléagineuse, cepen-
dant on est convenu de donner plus particulière-
ment le nom de *graines oléagineuses* à de petites
semences dicotylédones, desquelles on extrait une
huile douce par la trituration et par l'expression.
Le nombre de ces graines est infini, et comprend
toutes celles des choux, des navets, des raiforts,
des moutardes, des myagres, des pavots, des
pepins de raisin, etc., etc. Il serait aussi long
que fastidieux d'énumérer les diverses semences
oléagineuses; nous nous bornerons à dire que la
famille des crucifères est celle qui en fournit le
plus.

Nous avons déjà fait connaître que l'huile d'olive
est la seule huile douce qu'on trouve dans nos cli-
mats dans la drupe du fruit. Celle des graines oléa-
gineuses n'existe que dans les cotylédones des
semences, et nul exemple n'a encore démontré
qu'aucune graine monocotylédone en contînt.
L'huile douce, car les graines en contiennent sou-
vent une de volatile qui est unie à leur enveloppe,

comme dans les moutardes, les raiforts, etc.;
l'huile douce, dis-je, se trouve dans ces semences
avec de la fécule et une espèce de mucilage qui les
rend miscibles à l'eau, en lui communiquant cet
aspect laiteux qu'on nomme *émulsion*. A la page 3
et suivantes, nous avons exposé les propriétés
physiques et chimiques des huiles en général;
nous y renvoyons nos lecteurs : nous nous conten-
terons de dire que celles qu'on extrait des graines
oléagineuses offrent quelques nuances dans leurs
propriétés, que nous avons fait connaître lorsque
nous nous en sommes occupé partiellement. Comme
leur mode de préparation est, à peu de chose près,
identique, on pourra faire, à celles que nous avons
passées sous silence, comme étant d'un moindre
intérêt, les mêmes applications qu'à celles dont
nous avons parlé de préférence, tant à cause de
leur utilité que de la plus grande quantité qu'on
peut en fabriquer.

Plusieurs huiles des semences oléagineuses, bien
préparées, peuvent être employées comme alimens;
les autres sont appliquées à l'éclairage, à la fabri-
cation des savons mous et dans les arts. C'est prin-
cipalement dans les départemens du nord de la
France qu'on les prépare, et c'est, pour ces pays,
une branche importante d'agriculture et d'in-
dustrie.

Préparation des huiles des graines.

La préparation de l'huile extraite des graines
peut s'opérer de diverses manières, suivant qu'on
fait l'opération en grand ou en petit. Dans le der-
nier cas il suffit de les piler et de les soumettre à
l'action d'une bonne presse. Il n'en est pas de même
lorsqu'on les prépare en grand, car on doit alors
s'attacher à retirer le plus de produit possible,
avec le moins de temps et le plus d'économie,

en s'attachant, en même temps, à améliorer la qualité du produit. Il est plusieurs circonstances, ou mieux conditions, dont les unes favorisent et les autres sont indispensables pour opérer fructueusement cette extraction : nous allons en présenter les principales :

1°. Le *broiement.* Cette opération s'opère par le pilon, par les cylindres ou par la meule du moulin à huile dit *tordoir.* Il est aisé de voir que plus les graines oléagineuses seront réduites en poudre ou en pâte fine, plus il sera facile d'en extraire l'huile, attendu la rupture de la cloison qui la retient. M. Ecouchart, de Dôle, a cherché à se passer de ces moyens en appliquant aux graines oléagineuses la vapeur de l'eau bouillante; nous parlerons de son procédé. Nous ajouterons ici que, comme les tordoirs ne sont pas toujours mus pas l'eau, mais plus souvent par le vent, surtout dans le département du Nord, ainsi que nous aurons occasion de le voir, on pourrait les faire mouvoir par la vapeur quand le vent cesse de souffler.

2°. Le *calorique.* Il est plusieurs graines oléagineuses, comme celle de lin, etc., qui contiennent une si grande quantité de mucilage, qu'une torréfaction préliminaire est indispensable pour faciliter l'extraction de leur huile. Dans ce cas on doit faire attention à ménager bien le feu afin de ne pas brûler les graines. Cette torréfaction doit être conduite par une main exercée, car pour peu qu'elle ait dépassé le point, l'huile acquiert de mauvaises qualités.

3°. L'*eau bouillante* ou *la vapeur d'eau.* Il est des graines qui se réduisent en une poudre sèche, et d'où l'on ne parviendrait que difficilement à extraire l'huile sans l'addition de l'eau bouillante et sans les faire chauffer un peu avec le même liquide : l'huile des pepins de raisin nous en offre un exemple. En général, les graines oléagineuses réduites en pâte, au moyen d'un peu d'eau chaude, et chauffées avec ménagement, donnent beaucoup plus aisément leur huile. Sous ce point de vue la méthode de M. Écouchart nous paraît réunir ces avantages.

4°. L'*expression*. Il est aisé de voir que l'huile étant logée entre les cellules des végétaux, on la fera sortir d'autant plus vite et en quantité d'autant plus grande qu'on exerce sur elle une plus grande compression, d'où dérive cette conséquence qu'un excellent pressoir influe singulièrement sur les produits de ces opérations. On pourrait appliquer ceux que nous avons indiqués pour la fabrication de l'huile d'olive, ou bien ceux qui sont mus par la vapeur; nous ferons connaître bientôt ceux pour lesquels MM. Hallette Deminal père et fils à Lille, et Hallette fils à Blangy-les-Arras, ont obtenu des brevets d'invention et de perfectionnement.

D'après cet exposé il sera facile de concevoir la fabrication des huiles des graines oléagineuses. En effet, après qu'on les a choisies, bien mûres, saines, récentes et de bonne qualité, on les laisse bien sécher afin de ne pas empâter trop la meule. On les porte alors au moulin ou tordoir, et on en forme ensuite une pâte avec un peu d'eau chaude que l'on soumet à l'action d'une bonne presse, après avoir enfermé cette pâte dans des cabas ou dans des toiles. Nous ne décrirons point ici la forme des moulins à huile anciens ni des pressoirs; ils sont trop connus dans les lieux où l'on fabrique ces huiles. Nous avons pensé qu'il valait mieux faire connaître les perfectionnemens ou les inventions que l'on a présentées sur le même sujet, c'est le meilleur moyen d'être utile et d'intéresser; nous nous bornerons donc à présenter, dans trois tableaux, l'état des tordoirs dans les divers arrondissemens du département du Nord, leur exploitation, et l'état des dépenses.

*Etat des tordoirs ou moulins à huile de divers arrondis-
semens du département du Nord.*

NOMS des ARRONDISSEMENS.	NOMBRE DE TORDOIRS MUS	
	par le vent.	par l'eau.
de Bergues..........	22	0
d'Hazebrouck.........	44	2
de Lille............	264	3
de Cambrai.........	25	8
d'Avesnes..........	1	1
de Douai..........	56	13
Total......	412	27
Ensemble.......	27	
	439	

Il est bon de faire observer, 1°. que les tordoirs de
Lille sont en activité toute l'année et tant qu'il fait du
vent; 2°. que les tordoirs à eau font le double d'ou-
vrage que les tordoirs à vent; 3°. qu'il existe aussi,
dans les mêmes arrondissemens, des tordoirs mus par
des chevaux, et dont les produits servent à la con-
sommation locale; 4°. que les tordoirs à eau font partie
d'usines ou moulins à farine. Il est à désirer, pour la
prospérité de la fabrication de ces huiles, qu'on y
fasse l'application des systèmes à la vapeur aux tor-
doirs à vent; par ce double moyen on les mettrait en
action toute l'année.

Tableau de l'exploitation des moulins à huile du département du Nord.

Arrondissemens.	NOMBRE de tordoirs.	QUANTITÉS D'HECTOLITRES FABRIQUÉS EN HUILES de				
		colza.	œillette.	lin.	caméline.	chenevis.
Bergues..........	22	1359	....	1941	....	....
Hazebronck.......	46	3180	....	4620	....	....
Lille............	267	45200	27000	16200	10800	10800
Cambrai.........	33	2376	1584	....	....	....
Avesnes.........	2	120	80	....	....	....
Donai...........	69	6560	4100	2460	1640	1640
Totaux.......	439	58795	32764	25221	12440	12440

Récapitulation du produit des moulins ou tordoirs.

DÉSIGNATION.		quantités.	valeur d'un hectolitre.	valeur de cent tourteaux.	valeur totale.
		hectolitres.			
Huiles de	colza	58,795	85	....	4,997,575
	œillette	32,764	96	....	3,145,344
	lin	25,221	104	....	3,145,344
	caméline	12,440	92	....	2,622,984
	chenevis	12,440	87	....	1,082,280
		tourteaux.			
	colza	764,3350	....	12 fr. 5o c.	917,202
Tourteaux de	œillette	524,2240	....	10	524,224
	caméline	199,0400	....	10 . 5o	208,992
	chenevis	398,0800	....	10 . 5o	417,984
		kilogram.		les 1oo kil.	
	lin	456,5ooo	....	18	821,700
Total		....	....	....	15,882,761

Etat des dépenses.

OBJETS DES DÉPENSES.	quantité.		valeur.	
Graines de { colza	264,577 hect.	50	4,799,435 f.	85 c.
œillette	169,717	52	3,090,556	4
lin	163,936	50	2,950,857	
caméline	75,137	60	1,118,047	
chenevis	123,529	20	1,235,292	
Salaire des ouvriers (a)			398,449	16
Feu, lumière, étriudels, malfils, fil d'Anvers, vieux oing.			175,075	
Futailles			495,810	
Loyer, impositions, entretien des tordoirs et des bâtimens			582,200	
TOTAL			14,845,722 f.	05

Balance.

Produit de la fabrication.. 15,882,765

Dépense.. 14,845,722   05

Bénéfice................ 1,037,042   95

(a) Le salaire moyen des ouvriers a été évalué par M. Dieudonné, à 50 centimes par hectolitre de graines converties en huile.

Pour rendre notre travail plus complet, nous avions réclamé des renseignemens dans les départemens où la fabrication des huiles est une des branches principales de l'industrie ; nous allons transcrire ceux que nous devons à M. Feneulle de Cambrai, dont le nom se rattache à plus d'une découverte chimique.

Extraction des huiles de lin, de colza, d'œillette, de caméline, de chanvre, dans le département du Nord.

Les huiles que l'on fabrique dans nos contrées, sont principalement celles de *lin*, de *caméline*, de *colza* et *d'œillette*. Sur quelques points du département, on s'occupe aussi de l'extraction de celle de *chanvre ;* ces fabrications s'exécutent à l'aide de moulins à vent, et, lorsque les localités le permettent, de moulins à eau ; enfin, depuis quelques années, on compte plusieurs établissemens dans lesquels on emploie la vapeur. Ces divers moulins sont connus sous le nom de *tordoirs*, et les ouvriers sous celui de *tordeurs*.

On fait usage de deux sortes de moulins à vent ; les uns sont bâtis en bois, les autres sont en pierre ; dans les premiers, les graines sont écrasées à moitié à l'aide d'espèces de pilons de bois au nombre de cinq, dont le bout est recouvert d'une armure de fonte, qui tombent dans des mortiers de même nature, encastrés dans une forte pièce de bois. (1)

Après cette opération, pendant laquelle on ajoute quelquefois un peu d'eau, lorsque les graines sont trop sèches, la poudre pâteuse que l'on obtient, est soumise à l'action de la chaleur sur

---

(1) On donne à ces pilons le nom d'*étampes*.

une plaque de fer entourée d'un cercle mobile de
même métal. L'appareil se nomme *payelle* ou *poêle;*
on se sert d'un feu clair de bois ou de charbon
de terre; une lame de fer horizontale, placée près
du four de la *payelle*, attachée par son milieu à une
tige adaptée au système, remue la graine et l'em-
pêche de s'altérer. La température que l'on fait
éprouver aux graines, varie selon leur nature;
celles de colza sont chauffées plus que toutes les
autres; celles d'œillette, destinées aux usages de
la table, à la première pression, ne le sont pas du
tout; ce n'est qu'au *rebas* qu'elles subissent cette
opération. Les ouvriers, habitués à ces manipula-
tions, ne se trompent jamais, la main leur sert
d'indice; on estime que la chaleur, que les semen-
ces éprouvent dans cette circonstance, est de 45 à
60° centig.; quoi qu'il en soit, on sent combien
est vicieux le mode que nous venons d'examiner;
aussi dans les usines, où l'on emploie la machine à
feu, les graines ne sont chauffées que par la va-
peur, comme nous le dirons plus bas. Cette im-
portante amélioration date de peu de temps.

Après avoir été chauffées, les graines sont ver-
sées dans des sachets de laine croisée que l'on
nomme *malfil;* à l'aide de la main, on distribue
également la poudre, on reploie l'ouverture du
sachet sur elle-même, et on le place sur une étof-
fe (1) de crin façonnée en bandes, à côtes saillan-
tes, qui enveloppe tout le sachet, et on soumet à
l'action de la presse. Les tourteaux, qui en résultent,
pèsent environ 8 kilogr.; cette première pression
porte le nom de froissage.

La presse dont on fait principalement usage
est celle dite à coin; elle se compose d'un bloc de
bois, long de onze pieds, placé horizontalement,

---

(1) Cette étoffe se nomme *étrindelle.*

solidement fixé sur deux pièces en bois par le bas
et par un fort bâtis par le haut ; on a creusé deux
parties distinctes , d'une forme un peu conique,
dont une partie est garnie en tôle, toutes deux
égales en longueur et largeur, 32 pouces de long
et 7 de large. Deux forts boulons en fer traver-
sent dans la largeur chaque partie ; deux pièces
de bois que l'on appelle *fourneaux*, s'appuient sur
ces boulons. Lorsque l'on veut opérer, on place un
sachet (1) avec une *étrindelle*, un *fourneau*, une
planche conique (*wande*), et une autre pièce en
bois (*la clef*), ensuite le *coin ;* vient encore une
wande, un *fourneau* et le *sachet ;* c'est ce qui com-
pose la première partie de la presse ; un paralléli-
pipède en bois , sorte de pilon (*l'aye*), enfonce le
coin , et lorsque celui-ci est arrivé au bout de sa
course, un autre parallélipipède, semblable au pre-
mier (*la fausse aye*), tombe sur la *clef,* qui est plus
élevée que le *coin* de cinq à six pouces , et desserre
la presse.

L'huile est reçue dans un réservoir placé au-
dessous du moulin où on la met en tonne ; les deux
fourneaux, la *clef*, les *wandes* et le *coin*, en style
de tordeurs, portent le nom d'*harnard ;* une presse
compte deux *harnards.*

La deuxième partie de la presse est en tout
semblable à celle dont nous venons de donner la
description ; elle sert à obtenir une seconde pres-
sion ; la manipulation en est la même ; l'opération
se nomme le rebas ; les étrindelles que l'on y em-
ploie sont plus petites que dans la première ; les
tourteaux que l'on retire ont 14 pouces de long ,
5 lignes d'épaisseur ; ils sont à côtes, ont environ
6 pouces de large vers le milieu, et leur forme est

---

(1) Le sachet est appuyé contre une plaque en fer, qui
empêche l'imbibition de l'huile par le bois ; on donne à
cette plaque le nom de *pamelle.*

conique ; ce sont ceux que l'on livre au commerce. Le froissage terminé, les graines contiennent encore une grande quantité d'huile ; on reporte les tourteaux, que l'on brise sous les pilons, ensuite dans la payelle, et enfin à la presse on finit le *rebas.* (1)

La plupart des moulins à vent, bâtis en briques, travaillent d'après le mode dont nous venons de parler. Dans un certain nombre, on a remplacé les pilons par deux meules verticales en pierre dure, ordinairement en marbre noir qui abonde sur quelques points du département, tournant sur elles-mêmes, sur une autre fixe (le bassin), placée horizontalement : une tringle en bois ramène continuellement les graines sous les meules. On trouve qu'à l'aide des meules on obtient des produits plus soignés, plus abondans, et que le travail se fait plus vite.

Dans les moulins à eau, la division des graines s'exécute soit à l'aide des pilons, soit au moyen des meules. Dans quelques uns, au lieu de chauffer les graines à feu nu, avant la pression, elles sont chauffées par la vapeur.

Nous avons dit plus haut que, depuis quelques années, on comptait plusieurs usines à huile, où l'on employait la force motrice de la vapeur pour la fabrication. Nous en avons visité une à Valenciennes, construite par les soins de M. *Hallette,* habile mécanicien à Arras, dans laquelle la machine à feu, de la force de huit chevaux et de trois atmosphères et demie de pression, fait mouvoir deux paires de meules, deux cylindres pour préparer la graine, une presse dite *muette,* qui sert au froissage, deux presses hydrauliques d'un grand effet,

---

(1) Les semences de *chanvre* ne sont soumises en général qu'à une seule pression.

perfectionnées par M. Hallette pour le *rebas* (1), et
quelques accessoires. Voici le procédé général que
l'on emploie, procédé qui rentre dans celui dont
nous avons déjà parlé.

Les grosses graines, comme celles de *chanvre*,
de *colza*, etc., tombent d'une trémie sur deux cy-
lindres de fonte tournant sur eux-mêmes, où elles
éprouvent une division préparatoire. On les porte
ensuite sous les meules, ainsi que les petites, aux-
quelles on ne fait pas subir la première opéra-
tion; on ajoute de l'eau si l'état de siccité de la
graine l'exige. Lorsque la poudre est suffisam-
ment fine, on la chauffe à la vapeur dans un vase
en fonte, à double enveloppe, de forme légère-
ment conique, qui communique à la chaudière et
à la machine à l'aide d'un tuyau. Un robinet placé
à la base du vase sert à se débarrasser de l'eau con-
densée; un autre robinet disposé sur le tuyau,
sert au contraire à l'introduction de la vapeur. Une
tige de fer, dont la base est en spirale, tournant
continuellement sur elle-même, permet à la graine
de s'échauffer également. Une porte pratiquée sur
un des côtés de ce chauffoir, aide l'ouvrier à reti-
rer la graine pour la mettre en sac. C'est alors que
l'on fait usage de la presse muette, dans laquelle
on place deux étrindelles; une noix que l'on voit
dans la figure, faisant un quart de tour de chaque
côté, détermine la pression.

On reporte de nouveau le tourteau sous les
meules; on chauffe et on termine le *rebas* par la
presse hydraulique.

Le procédé employé pour l'épuration des huiles
de colza, et que l'on pratique ici en grand, est

____

(1) M. Hallette a pris un brevet de perfectionnement
pour sa presse hydraulique. Il a reçu une récompense de
la Société d'Encouragement, qui a fait insérer dans ses
mémoires les détails de sa presse.

connu depuis long-temps ; celui dont quelques per-
sonnes font usage pour l'huile d'œillette, quoique
recommandé par plusieurs chimistes, ne l'est point
également. L'huile mélangée à une solution d'alun
et à une portion de gros sablon, est placée dans un
tonneau tournant sur son axe ; on chauffe soit avec
de la vapeur, soit avec de l'eau bouillante, et on
abandonne au repos dans un vase conique. On se
contente aussi quelquefois de l'eau bouillante avec
du sablon ; d'autres, de la simple reposition.

*Instrumens pour la préparation des huiles des
graines.*

Meules verticales en pierre dure.

Nous allons décrire les divers instrumens tels
que MM. Berthollet, L'Héritier et Tissot les ont
fait connaître dans leur seconde instruction rédi-
gée au nom de la commission d'agriculture et des
arts du gouvernement. L'on fait usage avec succès,
pour écraser toute sorte de graines, d'une ou de
deux meules verticales de pierre dure (*fig.* 16),
d'un diamètre d'environ 7 pieds, jusqu'à 18 à
20 pouces d'épaisseur. L'axe de ces meules est fixé
à un châssis, qui embrasse un axe vertical tour-
nant sur pivot, et placé au centre d'une forte table
de pierre. Le mouvement de rotation, qu'on lui
communique, imprime à chaque meule deux mou-
vemens.

1°. Le mouvement de rotation sur elles-mêmes.

2°. Celui qu'elles subissent en décrivant un cercle
sur la table de maçonnerie sur laquelle elles roulent.

L'axe de chaque meule doit être ajusté de ma-
nière que la meule puisse hausser ou baisser, sui-
vant le besoin.

L'une de ces pierres ou meules est plus rappro-
chée de l'arbre vertical que l'autre, de manière

qu'elles occupent une plus grande étendue sur la
table, et écrasent plus de graines. A l'aide de deux
ramoneurs qui suivent les meules dans leur mou-
vement, et conduisent sans cesse les graines sous
leur passage, elles sont écrasées dans tous les sens :
le ramoneur extérieur est garni d'un chiffon de
toile qui frotte contre la bordure au contour de la
table, et entraîne le plus de graines qui auraient resté
dans l'angle de ce contour. L'opération des meules
donne une graine bien écrasée, sans l'échauffer,
et par conséquent elle fournit à la presse ou au
tordage beaucoup plus d'huile vierge, c'est-à-dire
tirée sans feu.

Ces meules verticales sont employées pour l'ex-
traction de l'huile de toutes les semences oléagi-
neuses; leur emploi serait également très utile
pour celle d'olive.

Moulin à huile ou tordoir.

Lorsqu'on a un moteur tel que l'eau et le vent,
on en fait usage pour établir des batteries de pi-
lons adaptés à un arbre ou tournant garni de cames.

Une des batteries de pilons, sert à broyer les
graines dans des pots ou mortiers de bois, tandis
que l'autre est destinée à faire jouer les coins de
la presse.

La pièce la plus essentielle d'un tordoir, après
l'arbre du premier moteur, est une grosse poutre
de bois de hêtre, d'orme ou de chêne, d'environ
12 pieds de longueur sur deux d'équarrissage; à
la distance d'un pied de l'une des extrémités de
cette poutre sur la gauche, on a creusé quatre
pots ou mortiers, disposés sur une même ligne, et
distans l'un de l'autre de 6 à 7 pouces de diamètre.

Les quatre mortiers occupent un espace d'en-
viron 4 pieds½, un peu plus du tiers de la poutre; le
reste de l'arbre à droite est ordinairement la tête de la

culée ; on y a creusé, à deux pieds de distance des
pots, une auge rectangle de deux pieds de long,
13 pieds de large et 14 de profondeur. On nomme
cette auge *la laye;* au fond de la laye, et vers cha-
cune de ses extrémités, on a creusé deux rigoles
pour faciliter l'écoulement de l'huile dans des va-
ses placés au-dessous du massif.

Le reste du bloc, sur la droite, est conservé
dans son entier et dans toute son épaisseur.

Au-dessus du bloc, on a établi deux moises
fixées par leurs extrémités sur les traverses du
bâtis du tordoir.

La première moise est élevée au-dessus du bloc
d'environ 3 pieds, et l'intervalle de celle-ci à la se-
conde est d'environ 4 pieds ; les deux moises servent
à maintenir et à guider les deux batteries de pilons,
qu'un même arbre, de la roue du premier moteur,
met en jeu, au moyen des cames dont il est muni.

Le nom de *pilon* indique assez sa destination,
celle de piler les graines. C'est une solive de bois
de hêtre d'environ 12 pieds de long, sur 6 à 7 pouces
d'équarrissage dans la partie supérieure qui tra-
verse les moises; la partie inférieure, qui joue dans
les pots ou mortiers, est arrondie sur la longueur
de 18 pouces, et se réduit à un diamètre de 5.
Vers l'extrémité elle est cerclée d'une virole de fer
de 6 lignes d'épaisseur, et de 2 pouces de largeur ;
le bout est ferré de plusieurs clous à grosse tête.

La chute ou portée de chaque pilon est d'en-
viron 18 pouces, mesurés du fond du mortier.

Quand les faînes ou les graines sont convenable-
ment pilées, on arrête l'action du pilon au moyen
d'une corde attachée à l'extrémité d'une sorte de
bascule ou levier à charnière, qui retient le pilon
à l'instant, etc.

Moulins à bras.

Les moulins à huile mus par l'eau ou le vent

sont les plus économiques ; cependant, comme il en est qui sont mus à force de bras, nous croyons devoir lès faire connaître. Ces moulins se composent :

1°. D'un mortier de bois dur, avec un pilon qu'on met en mouvement au moyen d'une manivelle dont l'axe est un cylindre muni de deux cames.

2°. D'un bloc en bois contenant la laye et ses accessoires, pour presser deux gâteaux à la fois avec un seul coin, placé au milieu et dans une disposition horizontale ; on enfonce le coin avec un maillet suspendu au plancher, il agit à l'instar du belier.

Ces détails sont extraits de la *Feuille du cultivateur*, tome IV, où l'on t rouve également les planches des instrumens dont nous venons de parler ; nous avons cru inutile de les reproduire, aimant mieux exposer ceux qui ont été naguère inventés ou perfectionnés.

Nous allons donc faire connaître les améliorations apportées dans cette fabrication, par MM. Hallette Deminal père et fils, et Hallette fils.

Nouveau moyen de mettre en mouvement les meules d'un tordoir à huile ; par MM. Hallette Deminal père et fils, à Lille. (Brevet d'invention du 31 décembre 1811.)

Ces mécaniciens ont obtenu un brevet d'invention de cinq ans qui est inséré dans le tome VI des descriptions des machines et procédés. Ce moyen est facile à concevoir par la seule inspection des figures.

Figure 17. Elévation du système de meules en position pour fonctionner.

Figure 18. Coupe verticale par le centre du système.

A. Meule horizontale fixe.

B. Rebord en bois de la meule A.

C. Les deux meules verticales.

D. Châssis conducteur des meules verticales C.

E. Arbre vertical à pivot, autour duquel le châssis D fait sa rotation; il est rond à l'endroit où il est embrassé par le châssis.

F. Lanterne montée sur son arbre G, et donnant le mouvement qu'elle reçoit du moteur.

H. Double rouet, recevant le mouvement de la lanterne, et le communiquant aux meules verticales.

I. Les deux axes en fer des meules verticales fixées au châssis D.

J. Pièce de bois barrée, percée à son centre d'un trou qui reçoit l'axe I; à chaque extrémité de cette pièce de bois, qui fait partie de l'axe des meules verticales, est un collet en cuivre K pour empêcher l'usure.

L. Support de l'arbre G de la lanterne.

M. Sommier portant la crapaudine en cuivre N, qui reçoit le pivot supérieur de l'arbre vertical E.

O, *Figure* 17. Guide qui ramène la graine sous les meules verticales.

P, *Figure* 18. Trappe par laquelle on retire la graine écrasée.

Certificat d'addition.

Nous allons donner la description d'une presse à coin, de forme ordinaire, à laquelle ces mécaniciens ont adapté leurs nouveaux moyens; elle tend à diminuer le poids du fardeau et à améliorer les produits. *Fig.* 19.

a, Bloc en bois d'orme ou de noyer, garni de ferrures nécessaires pour le faire résister à l'effet de la percussion. Sur le centre de ce bloc est pratiqué un trou ou mortaise, où se fait la pression par les pièces de bois *b*, au moyen du coin *c*.

d, Pièce de bois disposée d'une manière contraire au coin *c* et servant à desserrer la presse.

e, Montant de la charpente qui maintient les hies *h*.

f, Deux châssis formés chacun de deux pièces de bois fixées sur les montans *e*, à 7 pouces de distance l'un de l'autre, au moyen des boulons d'assemblage *g* portant écrous.

h, Deux hies ou moutons, percés chacun d'une mortaise de trois pieds de long, dans laquelle est un rouleau de fer *i*, traversé par un axe. Ce rouleau, mobile sur son axe, est destiné à résister à la pression de la came en fer *j*, fixée sur l'arbre moteur *k*; chacune de ces hies glisse entre huit rouleaux *l*, en bois, dont quatre sont ajustés au châssis de haut, et quatre à celui du bas; ce qui exige pour la manœuvre des deux hies, seize rouleaux, dont huit sont compris entre les deux pièces de bois qui forment le châssis *f*, quatre au châssis supérieur et quatre à l'inférieur. Les huit autres sont placés au-dessus desdites pièces de bois et soutenus par des supports en fonte *m*.

n, Boîtes formées de deux planches en bois, assemblées à clavettes, renfermant le ressort à boudin *o*, et la tige cylindrique de la hie qui le traverse; ce ressort est fait avec une verge d'acier de huit lignes sur trois; sa force est de deux cents livres au moins; lorsque la came élève la hie, il se reploie sur lui-même, et aussitôt qu'elle est sortie de la mortaise, ce ressort n'éprouvant plus de résistance, s'allonge brusquement et précipite la hie qui déjà, par son propre poids, tend constamment à tomber.

p, Deux traverses d'assemblage.

La came *j* décrit à son extrémité un cercle de trois pieds de diamètre; elle occupe par son inclinaison le tiers d'un cercle de même rayon qu'elle.

Figure 20. Élévation de ce système de meules, perfectionné.

Ce perfectionnement consiste à ne faire courir qu'une seule meule verticale A, sur chaque meule horizontale B : pour cela le châssis C, conducteur de la meule verticale, est garni intérieurement de roulettes en fer, ajustées horizontalement dans les traverses et les côtés des châssis, et frottant contre un collier en fer ajusté sur l'arbre vertical D, ce qui adoucit le frottement. Sur le même arbre vertical D est encore ajusté un plateau en fer E, sur lequel se promènent deux roulettes F, dont les écharpes sont fixées au châssis C qu'elles soutiennent. Toutes les autres parties de ce système de meules étant disposées de la même manière que dans leur premier système, nous n'en donnerons pas l'explication.

La meule verticale, disposée comme nous venons de le voir, parcourt, dans un même temps, un chemin double de celui parcouru par les deux meules réunies, et fait, par conséquent, autant de besogne que ces deux dernières. Les deux meules réunies ne peuvent avoir une célérité plus grande que la moitié de celle qui est seule, par la raison que deux meules ne sont jamais d'un diamètre et d'un écartement toujours égal, ce qui produit des frottemens qui ralentissent leur marche.

Les meules doubles, montées d'après les *fig.* 17 et 18, sont plus de moitié moins pesantes que celles montées comme on le fait ordinairement; mais la meule simple, obviant à tous les inconvéniens, nous permet de n'employer que le tiers de la force des autres moulins pour obtenir les mêmes résultats.

Procédé de M. Hallette fils.

M. Hallette fils, mécanicien à Blangy-les-Arras, a obtenu le 13 mai 1817, un brevet de perfectionnement de cinq ans, pour des améliorations apportées dans la fabrication des huiles de toute espèce, et surtout de celles de graines.

Second perfectionnement apporté aux meules

verticales décrites dans le brevet du 31 décembre 1811. Ce perfectionnement consiste :

1°. Dans la forme du châssis conducteur des meules verticales, qui est maintenant celle représentée en plan et en coupe verticale, *fig.* 21 et 22.

Les roulettes dont il est question dans le premier perfectionnement, sont ici remplacées par quatre pièces de fer *b*, ajustées sur les faces latérales intérieures du châssis, qui approchent de l'arbre vertical *a*, et frottent légèrement contre un cercle ou bague en fer *c*, fixé sur cet arbre ; cette bague et les quatre pièces de fer sont arrondies de manière que chacune des pièces de fer n'ait qu'un seul point de contact avec la bague.

Les poulies trotteuses qui, dans le perfectionnement, faisaient leur révolution sur un plateau fixé horizontalement sur l'arbre vertical, n'ayant pu résister plus de trois à quatre mois, sont remplacées par les arcs-boutans *d* portant roulettes, *fig.* 22, qui viennent s'appuyer sur l'arbre vertical *a*, qui rendent le châssis bien moins sujet à vaciller.

2°. Dans les engrenages qui sont maintenant en fonte.

3°. Dans les tourillons et pivots des arbres horizontaux et verticaux ; les pivots des arbres verticaux sont des pièces de fer ayant la forme de deux cônes réunis par leur base, comme on le voit en *e*, *fig.* 22.

Les tourillons des arbres horizontaux sont disposés comme on le voit *fig.* 23 ; cette figure montre aussi la manière dont les arbres sont consolidés, à leurs extrémités, par des cercles de fer *f*, avec des croisillons. Lorsque les pivots des arbres verticaux sont usés d'un bout, on peut les retourner de l'autre, puisque la pointe qui entre dans l'intérieur de l'arbre est la même que celle qui entre dans la crapaudine.

Perfectionnement des cames destinées à élever des pilons,
foulons, bocards, manteaux, etc.

Ces cames sont construites de manière à embrasser les arbres qui les portent : ce qui évite les entailles, qui endommagent ordinairement les arbres à cames. (*Vid.* les cames, *fig.* 24.)

Perfectionnement des roues à augets.

a, (*Fig.* 29) Vue par le bout horizontal de la roue à augets.

b, Assemblage de charpentes servant à fixer la roue sur son arbre.

c, Portion de surface de cercle formant les joues de la roue à augets ; elles sont formées de segmens croisés à moitié de leur longueur, et fortement boulonnés ensemble. Ceux de ces segmens qui forment la partie intérieure, et dans lesquels sont assemblés les bouts de ces augets, ont environ deux pouces huit lignes d'épaisseur ; ceux de dehors n'ont que 18 lignes.

d, Douves fixées sur les joues *c*, et servant de fond aux augets. Entre chacune de ces douves, et dans toute leur longueur, est une ouverture *e*, inclinée pour donner passage à l'air chassé par l'eau, et éviter par ce moyen l'effet de la compression. On voit que ces ouvertures prennent naissance à la partie supérieure du fond de chaque auget, pour qu'il ne reste plus d'air lorsqu'ils sont pleins, et qu'il en rentre à mesure que l'eau sort.

f, Pots ou augets.

g, Plancher fixe qui retient l'eau dans les pots, jusqu'au bas de la roue.

h, Vanne courbe formée de fortes douves en chêne, soigneusement jointes, à languettes, et solidement boulonnées sur deux arcs de cercle en fer *i*. Cette vanne glisse dans des rainures pratiquées dans deux fortes pièces de bois *j*, dont la courbe est parallèle à celle de la vanne ; c'est sur ces pièces de bois que le plancher *g* est fixé solidement.

· *k*, Chapeau de la vanne, qui dirige l'eau dans les augets ; il est recouvert d'une plaque de métal qui empêche les angles de s'user par le frottement de l'eau.

l. Cric, qui, au moyen de la crémaillère *m*, fait mouvoir la vanne, qui s'abaisse au lieu de s'élever, comme cela est d'usage, pour faire arriver l'eau dans tous les moulins, ce qui donne la facilité d'élever la chute aussi haut que le niveau de l'eau le permet.

n, Poteau de la vanne de décharge.

o, Sol de la vanne de décharge.

· *p*, Petit pont pour arriver aux vannes.

Nouveau système de presse muette pour les moulins à huile, propre à remplacer avantageusement la presse à coin, par le même.

Le principe de cette presse, représentée *fig.* 25, 26 et 27, repose sur l'effet produit par deux excentriques ayant chacun leur axe particulier, et donnant la pression qu'on obtient ordinairement par des coins.

Fig. 25. Plan de la presse vue par-dessus.

Fig. 26. Coupe verticale suivant R S, *fig.* 25.

Fig. 27. Coupe verticale suivant T U, *fig.* 25.

Dans les trois figures les mêmes pièces portent les mêmes lettres.

A. Bloc en bois d'orme percé au centre d'une grande mortaise, appellé *laye*, renfermant tout le système de la presse ; on peut garnir cette mortaise d'une caisse en fer, ce qui est préférable.

B. Axes des deux excentriques, portant chacun, à l'une de leurs extrémités, une roue en fonte C, du même diamètre, du même nombre de dents, et engrenant ensemble. Ces axes tournent dans des coussinets en fonte.

D. Les deux excentriques : ce sont deux fortes pièces de fonte en forme de rectangle, dont les angles sont arrondis, ayant en longueur le double de leur largeur.

E. Plaques de fonte en coussinets interposés entre les excentriques et la matière à presser, et contre lesquelles les excentriques exercent leur pression.

F. *Etreintes* en crin, qui enveloppent les sacs renfermant la matière à presser.

G. Grande roue dentée, portée par l'axe de l'excentrique supérieure, et fixée à la roue C, placée sur cet axe, par quatre boulons à écroux *h*; elle donne le mouvement aux deux excentriques : sa vitesse doit être de un quart de tour pour 70 secondes. Le premier quart de tour produit la pression, et le second produit l'état inverse. Des courroies *i*, fixées aux coussinets E, servent à les ramener contre les excentriques lorsque la presse est desserrée.

J. Vis sans fin, qui donne le mouvement à la roue G ; elle est montée sur l'arbre K, portée par deux coussinets *l*, ajustés sur les traverses *m*, fixées d'un bout dans le mur, et de l'autre aux montans *n*.

O. Grande poulie à gorge plate, placée à l'extrémité de l'arbre de la vis sans fin, auquel elle imprime le mouvement qu'elle-même reçoit d'un moteur, au moyen de la courroie P.

Q. Table sur laquelle l'ouvrier prépare les objets qu'il veut presser.

Nouvelle machine propre à chauffer la graine écrasée, pour faciliter l'extraction de l'huile.

M. Hallette fils a complété son travail sur l'extraction des huiles, par la nouvelle machine que nous avons dessinée d'après lui, et qui fait partie de son brevet d'invention. Le but principal des recherches de ce mécanicien, a été de porter la fabrication des huiles de graines au dernier degré de perfectionnement, en faisant chauffer ces graines au plus haut degré, très également et sans l'exposer à acquérir, comme il arrive (même sur les fourneaux hollandais), le goût de grillé.

Sa machine, vue en coupe verticale, *fig.* 28, chauffe les graines par la vapeur concentrée ; un fourneau et une chaudière de très petite dimension peuvent alimenter quatre ou six machines semblables ; la consommation de la vapeur étant presque nulle, puisqu'il ne s'en perd par la condensation, que lorsque l'on verse dans le vase de la graine froide, et par la soupape de sûreté placée au bout du petit axe, que lorsque la pression est trop grande.

Cette machine se compose d'un cylindre *a*, fermé par ses extrémités, ayant ses deux axes ou tourillons creux ; à l'extrémité de l'un d'eux vient s'ajuster le tuyau *b* de la chaudière, autour duquel l'axe creux tourne à frottement doux ; on empêche la vapeur de sortir par ce point en employant les moyens en usage pour les pistons des machines à feu.

A l'extrémité de l'autre axe, est vissée une soupape conique *c*, pressée par un ressort à boudin ; cette soupape s'ouvre extérieurement en cédant à l'effort de la vapeur, lorsque la concentration est trop forte ; dans cette même soupape il en a placé une plus petite, qui a un effet inverse, et qui s'ouvre à l'intérieur pour permettre à l'air atmosphérique d'entrer dans le cylindre, si, par une cause imprévue, le vide venait à s'y établir.

Dans l'intérieur de ce cylindre est un vase en forme d'œufs *d*, joignant, par le plus petit de ses bouts, l'une des faces latérales du cylindre où il est soudé ; cette partie de l'œuf est tronquée et forme l'embouchure du vase, qui se prolonge à l'extérieur en forme d'entonnoir, que l'on bouche hermétiquement.

A l'extrémité diamétralement opposée, se trouve un tube *e*, qui s'assujettit au cylindre, et vient sortir en dehors d'une quantité égale à la longueur de l'entonnoir ; dans le bout de ce tube est vissé un robinet qui s'ouvre et se ferme alternativement par un moyen simple, pour laisser échapper, quand on le veut, la vapeur produite par l'humidité de la graine.

Toute cette machine est en cuivre rouge ou en fonte ; et, pour conserver la chaleur, elle est enfermée dans une espèce de tonneau *f*, de dimension un peu plus grande, afin qu'il existe un vide entre leurs parois ; ce vide est rempli d'une espèce de plâtre mêlé avec de la courte paille d'avoine.

Sur ce tonneau est une poulie à gorge plate, sur laquelle passe une courroie, qui communique à la machine un mouvement de rotation par secousses, au moyen d'une roue à rochets très éloignés, et afin de forcer la graine à se mouvoir dans le vase.

Cette machine se place au-dessus de deux entonnoirs jumeaux, *fig.* 3o, où sont attachés les sacs dans lesquels on presse la graine ; lorsqu'on veut les remplir, comme on n'a mis dans la machine que la graine nécessaire pour les deux sacs, il suffit d'ouvrir le vase, de le tenir un instant renversé pour que la graine sorte et se divise également, en tombant sur l'angle formé par la réunion des deux entonnoirs ; ensuite on lâche la machine, on lui laisse faire un demi-tour, on l'arrête de nouveau ; alors son embouchure se trouve sous l'entonnoir supérieur, qui sert à y verser la graine ; on la rebouche, et on la laisse tourner jusqu'à ce que l'on pense qu'elle est assez chaude ; ce qu'on peut encore juger à la vapeur qui s'échappe, comme on l'a dit, par le robinet, chaque fois qu'il passe sous l'entonnoir supérieur, où une de ses branches est arrêtée par un crochet en fer qui le tient ouvert aussi long-temps qu'on le veut.

Cette machine est, comme on le voit, à l'abri de tout danger par ses soupapes de sûreté; d'un autre côté, elle remplit son but, et on peut y chauffer la graine sans craindre de la gâter, à 90 degrés et plus; en outre, la consommation du combustible est réduite de plus des trois quarts; lorsqu'il y a plusieurs machines sur une même chaudière, et l'augmentation des produits en huile, paie seule, dans la première année, les frais d'établissement de la machine.

Procédé de M. Ecouchart.

M. Ecouchart de Dôle a présenté un nouveau procédé qui, tendant à supprimer les meules, cylindres et pilons, rendrait la fabrication des huiles des graines très économique. Ce procédé consiste à prendre un grand cylindre vertical, dans lequel on introduit les graines; on fait passer dans cette machine, de la vapeur d'eau qu'on dégage d'une espèce de machine à papin; cette vapeur doit avoir une température assez élevée pour réduire les graines en pâte. Cette marmite fournit ensuite de l'eau bouillante, qu'on force, au moyen d'une pompe foulante, à s'introduire dans la pâte; l'huile en est ainsi complétement chassée par l'eau qui remplit sa place; après l'opération, il ne reste plus que la partie fibreuse et le mucilage.

TROISIÈME PARTIE.

DÉPURATION DES HUILES.

Les huiles, telles qu'on les extrait des végétaux, sont plus ou moins pures, ou, si l'on veut, plus ou moins chargées d'une substance extracto-mucilagineuse ; chez quelques unes cette matière est azotée. Il en est qui sont douées, outre cela, d'une odeur et d'une saveur particulières ; d'autres qui sont plus ou moins colorées, etc. On a tenté divers moyens pour les amener à un état voisin du degré de pureté, en les dépouillant de cette espèce de mucilage, ainsi que de leur odeur, de leur saveur et de leur principe colorant. Plusieurs procédés ont été mis en usage ; la plupart sont même des modifications les uns des autres ; cependant nous préférons tomber dans des répétitions, que d'oublier les plus essentiels ; nous dirons cependant que les principaux moyens consistent dans l'emploi du charbon, de l'acide sulfurique, de l'eau, de la filtration et par le repos.

Dépuration par le repos.

Tous ceux qui ont fabriqué ou vu fabriquer des huiles, savent qu'elles sont troubles, lorsqu'elles sont récentes, et qu'après un temps plus ou moins long elles se clarifient plus ou moins bien, en déposant une substance extracto-mucilagineuse colorée, qui en trouble la transparence et les dispose à la détérioration. Dans l'huile d'olive, le dépôt est connu sous le nom de *crasses d'huile ;* il est noirâtre, et donne des indices d'azote. Nous avons dit qu'il fallait un laps de temps, souvent très long,

póur que l'épuration par le repos eût lieu ; aussi
cherche-t-on à la favoriser par les moyens suivans :

Dépuration par la filtration.

On favorise l'épuration des huiles en les filtrant ;
la partie mucilagineuse, qui en trouble la transpa-
rence, n'étant qu'interposée dans l'huile, il en ré-
sulte nécessairement que l'huile passe seule à tra-
vers le tissu du filtre, tandis que le mucilage se
trouvant plus dense n'y passe point. Il est des hui-
les auxquelles cette opération peut suffire, mais il
en est d'autres qui, quoique étant très claires, se
troublent au bout de quelque temps, et déposent
une nouvelle portion de mucilage ; on doit alors re-
courir de nouveau au filtre. L'huile d'amandes
douces se trouve dans ce cas, aussi a-t-on le soin
de la filtrer quand cela arrive, car ce mucilage la
fait rancir promptement.

Filtre au charbon.

D'après la propriété désinfectante reconnue au
charbon, et principalement au charbon animal, il
est bien certain que les effets produits par les fil-
tres au charbon, sur les eaux de mauvaise qualité,
je dirai même infectes, ont dû nécessairement
conduire quelques auteurs à faire cette même ap-
plication à l'épuration des huiles ; parmi ceux qui
se sont livrés à ce travail, nous citerons plus par-
ticulièrement M. Denis de Montfort, qui paraît
être le premier qui s'en soit occupé. Nous croyons
faire plaisir à nos lecteurs, en mettant sous leurs
yeux le filtre qu'il a proposé et décrit dans le
tome II de la *Bibliothéque physico - économique*,
année 1814. Ce filtre consiste à prendre un de
ces tonneaux connus sous le nom de *botte*, plus
évasé dans le haut que dans le bas, et de le défon-

cer dans sa partie supérieure et la plus large. On établit dans le milieu, et dans toute la longueur, une espèce de cloison qui doit se joindre bien exactement aux parois, de manière à ce que l'huile ne puisse pas filtrer entre elle et eux ; elle doit être assujettie au moyen des clous qui traversent les douves et l'empêchent de varier d'assiette. Cette cloison doit être légèrement crénelée dans le bas, ou percée au même lieu d'une rangée horizontale de petits trous, assez grands cependant pour y passer un pois. Le tonneau et la cloison seront légèrement brûlés ou charbonnés en dedans; l'appareil ainsi monté est susceptible de recevoir son filtre qu'on place sur un des côtés; ce filtre se compose de charbon animal ou végétal, et de sable. Si l'on emploie du charbon végétal on doit le choisir bien propre, bien cuit, et de la grosseur du petit doigt; il est plus convenable de le laver. Quant au charbon animal, l'expérience a démontré qu'il agissait plus efficacement ; le sable doit être siliceux et non calcaire; on doit en avoir de gros et de fin; on distingue le sable siliceux du sable calcaire, en ce que celui-ci fait une vive effervescence avec les acides et s'y dissout presque en entier, tandis que le siliceux ne s'y dissout point et ne produit qu'une légère effervescence qui souvent est nulle.

Voici maintenant la manière de construire ce filtre : on met dans un des côtés du tonneau une couche de deux doigts d'épaisseur d'un sable assez gros pour qu'il ne puisse plus passer à travers les crénelures où les trous pratiqués au bas de la cloison; on y placera par-dessus un lit de charbon de deux pieds d'épaisseur au moins, que l'on recouvrira d'une couche de sable fin, épaisse de deux doigts, sur laquelle on en met une de sable plus grossier. Lorsque l'appareil est ainsi disposé, on verse l'huile, que l'on veut épurer, sur cette couche de sable grossier ; elle filtre

graduellement à travers ces divers lits de sable et
de charbon, et arrive par les crénelures toute épu-
rée dans l'autre côté du tonneau, d'où on la retire
par des robinets placés à diverses hauteurs.

Lorsque la substance mucilagino-extractive a
tellement encrassé le filtre, que l'huile ne passe
plus, il y a deux manières de le nettoyer: la première
consiste à le démonter et à le bien laver; la 2ᵉ con-
siste à jeter un chaudron d'eau bouillante; son
effet est tel, qu'une partie des fèces ou de la crasse
monte à la surface, et l'autre descend au fond.
On enlève celles de la surface, et l'on évacue les
autres en ouvrant un robinet qui se trouve placé
à la partie inférieure du côté du tonneau où est
placé le filtre; cette eau écoulée, on peut y en ver-
ser de nouvelle et bouillante, jusqu'à ce qu'elle
passe claire. Ces crasses sont mises à part et ven-
dues pour la fabrication des qualités inférieures de
savon.

Il est aisé de voir, par cette description, qu'on
peut construire des appareils plus petits, de ma-
nière à les rendre commodes pour tous les ménages.

M. Denis de Montfort assure avoir ainsi épuré
l'huile fétide et dégoûtante, connue sous le nom
d'huile de pied de bœuf, et l'avoir rendue propre
à être mangée; ce savant ajoute, que Mᵉ. la maré-
chale de Brissac, ayant voulu faire un essai de cette
huile comme comestible, elle fut trouvée supé-
rieure à toutes les autres, principalement pour les
fritures, et qu'on en fit constamment usage jus-
qu'à sa mort. M. Collier a présenté un autre filtre
ainsi que M. R. L., nous les faisons connaître dans
cette partie de notre ouvrage.

Dans toute la Flandre et le Brabant, on emploie
comme comestible, les huiles de colza et de lin;
leur épuration, qui est des plus simples, se ratta-
che à ce que nous venons de dire; on prend ces
huiles récentes et bien préparées, on les met dans

un chaudron de fer qu'on place sur un feu doux ;
on les fait *bouilloter* pendant environ deux heures,
et l'on jette ensuite dans le chaudron des croûtes
de pain que l'on a réduites en charbon ; on con-
serve cette huile à la cave dans le vase d'où on
l'extrait pour les besoins journaliers. Il est aisé de
reconnaître le rôle que joue ici le charbon de pain
qui est de nature végéto-animale.

Dépuration des huiles par l'eau.

Il est bien reconnu que l'eau n'exerce aucune
action sensible sur les huiles douces ; il n'en est
pas de même sur leur mucilage, leurs principes
extractif et colorant dont elle en sépare une cer-
taine proportion ; en effet, quand on agite une
huile fixe avec l'eau, ce mélange blanchit d'abord,
à cause de l'interposition de l'eau entre les molé-
cules de l'huile ; par le repos, celle-ci surnage l'eau
qui est devenue plus ou moins louche ; cette huile
est alors claire et par conséquent plus pure et plus
combustible. Cette méthode est mise en usage dans
quelques ateliers, elle paraît avoir été pratiquée
pour la première fois sur les huiles de navette,
par M. Edward Roche de Cork ; voici la manière
dont il décrit son opération. Je commençai par
laver l'huile, que j'agitai vivement avec un sei-
zième d'eau de fontaine ; il se forma un liquide
trouble, ressemblant à des jaunes d'œufs battus ;
en moins de deux jours, la séparation eut lieu,
l'huile surnageait l'eau, laquelle occupait par con-
séquent le fond avec les matières étrangères. Cette
opération est bien plus certaine lorsqu'on emploie
l'eau de mer ; il est un fait digne de remarque,
c'est que lorsqu'on emploie l'eau de fontaine char-
gée de sel marin (chlorure de sodium), l'éclairage
n'est point aussi brillant et prend un aspect rou-
geâtre. L'huile ainsi dépurée brûle très bien et

sans mauvaise odeur ; elle ne perd pas la centième partie de son poids.

Ce procédé est aussi simple qu'avantageux ; il est très facile à mettre en pratique, surtout pour les huiles d'olive que l'on fabrique dans des contrées qui bordent la Méditerranée.

Depuis long-temps, j'ai mis en usage l'épuration de l'huile d'amandes douces en l'agitant avec l'eau ; par ce moyen je l'ai dépouillée d'une grande partie de son mucilage, et j'ai reconnu qu'elle se conserve alors plus long-temps sans rancir.

Dans les fabriques où l'on dépure les huiles au moyen de l'acide sulfurique, nous conseillons de laver ensuite ces mêmes huiles, avec le cinquième de leur poids d'eau ; on les obtiendra, par ce moyen, dans un état voisin de leur extrême pureté.

Dépuration par l'acide sulfurique.

M. Gower, chimiste anglais, de l'université d'Oxford, est un des premiers qui se soient occupés de l'épuration des huiles par l'acide sulfurique ; son procédé, qu'il publia en 1790, consiste à prendre parties égales d'huile et d'eau acidulée par cet acide, sans en indiquer la quantité.

On met ces deux liquides dans un vase de bois commodément disposé ; et, lorsqu'à force de les agiter on est parvenu à les amalgamer, on fait passer ce mélange dans une chaudière afin d'opérer la séparation de l'huile d'avec l'eau chargée de la substance mucilagineuse ; on aide cette séparation par l'action d'une douce chaleur. Si l'huile, par cette opération, n'est pas suffisamment épurée, on la traite encore par de nouvelle eau acidulée.

Il est aisé de voir que le procédé de M. Gower se ressent de l'inexpérience, puisqu'il n'offre pas toujours des résultats certains, qu'il ne détermine pas la quantité d'acide sulfurique qui est nécessaire

pour cette opération, et qu'il conseille de faire
passer ce mélange du vase de bois, dit baratte,
dans une chaudière dont il n'indique pas, il est
vrai, la nature métallique. Mais, soit qu'elle soit
en cuivre ou en fer, elle n'en est pas moins atta-
quée par l'acide sulfurique, et dès lors il est bien
plus convenable de laisser opérer la séparation de
l'huile, dans le vaisseau de bois, comme nous le
faisons voir en décrivant une modification plus
méthodique de ce procédé.

Procédé de M. Denis de Montfort par l'acide sulfurique.

M. Denis de Montfort s'est long-temps occupé
de l'épuration des huiles ; le résultat de ses expé-
riences fit le sujet d'un mémoire qu'il envoya au
concours pour le prix proposé sur ce sujet par la
Société d'Agriculture, Commerce, Sciences et Arts
de la Marne, et qui se trouve inséré dans la Biblio-
thèque *Physico-économique*, année 1814.

L'auteur conseille de prendre cent parties d'huile
de colza, de navette ou de tout autre huile végé-
tale, d'y ajouter deux parties d'acide sulfurique
(huile de vitriol), et de remuer fortement ce
mélange en tournoyant. Cela fait, on ne tarde pas
à le voir devenir vert comme du savon de cette cou-
leur. On prend alors un verre à boire, dit verre
d'épreuve, qu'on remplit de cette huile, et, le pla-
çant entre les yeux et la lumière, on aperçoit une
quantité de flocons noirs qui s'y forment, et qui
augmentent d'autant plus qu'on laisse agir plus
long-temps l'acide. Lorsque cette action paraît
suffisante, on ajoute à l'huile le double de son
volume d'eau claire et on les bat ensemble. La li-
queur se trouble aussitôt, et blanchit comme du
lait battu. En cet état on y ajoute suffisante quan-
tité de chaux éteinte ou du marbre en poudre.

pour saturer l'acide sulfurique et en débarrasser
la liqueur ; on brasse fortement avec un rable, et
on laisse le tout en repos. Le sulfate de chaux, qui
s'est formé, se précipite au fond du vase ; l'eau
chargée de flocons mucilagineux le recouvre, et
l'huile épurée vient nager à sa surface ; on l'enlève
soigneusement. Elle doit alors brûler avec beau-
coup de clarté et sans fumée ; s'il en est autrement
on doit répéter l'opération.

Procédé par les alcalis ; par le même.

Prenez de l'huile de colza, de navette ou de rai-
fort préparée en huile à quinquets ; d'autre part
préparez une lessive à froid avec quatre livres de
bonnes cendres, une livre de chaux et cent livres
d'eau ; mêlez cette lessive avec deux cents livres
d'huile, et brassez le mélange, pendant un demi-
quart-d'heure ; ajoutez ensuite le double d'eau
pure, et rebrassez de nouveau ; par le repos
l'huile vient surnager la liqueur. Cette huile perd
ainsi son âcreté et acquiert une saveur de noisette ;
elle est claire, limpide, et conserve son arome. Le
dépôt est une espèce de savon très délayé qu'on
pourrait séparer de l'eau en le faisant cuire et y
ajoutant de l'hydrochlorate de soude (sel marin)
en suffisante quantité. On peut enlever l'odeur de
ces huiles en les agitant avec de l'alcool qui en
dissout le principe odorant. On peut dépouiller
l'alcool de cette odeur en le mêlant avec l'eau et le
distillant. Par ce moyen on peut le faire servir un
grand nombre de fois.

Nous avons décrit cette épuration par la potasse ;
on peut obtenir le même effet au moyen de la
soude ; mais nous ne saurions donner la préférence
à ce procédé, parce que nous croyons qu'il y a trop
de perte à cause de l'huile qui est saponifiée par l'al-
cali caustique ; nous ne sommes même pas certains

que la saveur des huiles ainsi épurées, soit aussi agréable que M. Denis de Montfort l'annonce.

Procédé par l'argile ; par M FISCHER.

M. Fischer assure que l'on peut enlever aisément le mauvais goût des huiles et les dépurer en y ajoutant un tiers de leur poids d'eau, dans laquelle on a délayé une once, par livre de ce liquide, d'argile en poudre fine et tamisée. On doit avoir soin de bien agiter ce mélange de temps en temps. Au bout de sept à huit jours de repos, on enlève l'huile qui surnage, laquelle est alors blanche et de très bon goût.

Epuration des huiles par le charbon et l'acide sulfurique réunis, dans le département du Nord.

Dans le département du Nord, où l'on fabrique une grande quantité d'huiles de colza, de navette, de pavot, etc., les fabricans ont adopté le double mode de dépuration par l'acide sulfurique et par le charbon. Indépendamment des documens que nous avons puisés dans les divers traités de chimie, nous avons reçu de M. R. L. des renseignemens très utiles que nous allons consigner ici. Nous ferons observer qu'on distingue divers degrés d'épuration dans les huiles, et que leurs prix sont relatifs à ces mêmes degrés. Ainsi en mars 1822, les huiles épurées valaient par hectolitre de plus que les non épurées :

Les huiles à quinquets ou veilleuses. . . 9 fr.
   — à réverbères. 6
   — à salade. 6

ce sont les trois qualités d'huiles épurées que l'on connaît dans le commerce.

Dans les fabriques, où l'on se propose d'épurer

les huiles, on doit choisir un local particulier ou
mieux une cave, afin de les tenir à l'abri de la ge-
lée. La température de ce local doit être entretenue
de 16 à 18° du thermomètre de R., l'air doit s'y re-
nouveler facilement, il doit être pavé en pente
avec une rigole au milieu qui communique avec
un ou plusieurs vases placés dans la terre, et des-
tinés à recevoir l'huile.

Les principaux agens propres à cette dépuration
sont :

L'*eau*. Il faut la choisir aussi pure que possible.

L'*acide sulfurique*. Il doit être également pur, in-
colore et marquer de 65 à 66°.

Le *charbon*. On doit choisir celui qui provient
du charme, du jeune chêne ou du hêtre ; les mor-
ceaux doivent être de la grosseur du petit doigt,
compactes, durs, sonnans et secs.

*De l'épuration de l'huile de colza ou navette,
pour quinquets et veilleuses, ou huile de
colza de première qualité.*

A cent livres d'huile de colza ou de navette, on
ajoute une livre quinze onces (1) d'acide sulfurique
concentré (2), on mêle le tout ensemble (3), on
agite le mélange avec un instrument de bois (4).

---

(1) Quelques épurateurs en mettent 2 livres, et quel-
ques autres 1 livre 14 onces.

(2) Il doit marquer de 65 à 66 degrés.

(3) Pour cette opération on se sert de tonneaux conte-
nant 6 à 7 hectolitres, défoncés par l'un des bouts, cer-
clés avec des cercles de fer, et assis sur un chantier : ou
épure ordinairement 5 hectolitres d'huile à la fois.

(4) Cet instrument est fait en bois de chêne, ayant un
manche d'environ 5 à 6 pieds de longueur ; on fiche ce
manche dans une planche circulaire de 12 pouces de dia-
mètre, et d'un pouce d'épaisseur, percée de plusieurs
trous d'un pouce de diamètre.

Incontinent l'huile change de couleur, elle se trouble et devient noirâtre ; au bout de 40 ou 45 minutes d'agitation continuelle, elle se remplit de flocons ; on doit alors cesser de l'agiter, et y ajouter quatre litres d'eau bouillante. On continue d'agiter ce nouveau mélange pendant vingt minutes, pour mettre les molécules d'huile, d'acide sulfurique et d'eau, en contact les unes avec les autres ; on laisse reposer le mélange pendant sept à huit jours, mais dans les 12 ou 18 premières heures, on agite de nouveau le mélange pendant quelques minutes, d'heure en heure (on recommande surtout cette nouvelle agitation, attendu que l'huile acquiert plus de blancheur).

Au bout de sept ou huit jours de repos, l'huile surnage l'eau, et celle-ci surnage elle-même une matière, tirant sur le noir, précipitée de l'huile par l'acide sulfurique (c'est cette matière qui donne de la couleur à l'huile et qui l'empêche de brûler avec facilité). Il s'en faut de beaucoup, qu'après ces sept ou huit jours de repos, l'huile soit limpide et soit dégagée de toutes les parties charbonneuses qui occasionnent la fumée. Les opérations suivantes indiqueront la manière de la porter à son dernier degré d'épuration.

Après que l'huile a reposé le temps prescrit ci-dessus, on la décante ; mais auparavant, on a soin d'ôter le bouchon, qui est au fond de la pièce (ce bouchon est ordinairement en liége), afin de faire écouler à peu près la quantité d'acide sulfurique, de matière noire et d'eau qui se trouvent dans le fond de la pièce. On reçoit ces matières dans un récipient de bois, et elles sont mises dans un tonneau destiné à cet effet, et dont on parlera ci-après à l'article résidu. Quand on s'aperçoit que ces corps étrangers sont presque tous écoulés et que l'huile paraît, on remet le bouchon et on la soutire, soit par un robinet de cuivre ou par une

chantepleure (mais le robinet est préférable), et
au fur et à mesure qu'on la soutire, on la fait passer
à travers un filtre au charbon dont on va faire
connaître la construction et l'usage.

*Filtre au charbon pour les huiles, dans le département
du Nord.*

On étend le charbon sur un pavé uni et propre,
on le réduit en morceaux de la grosseur d'un gros
pois (1); pour le rendre ainsi, on se sert d'un bri-
soir. C'est un instrument fait en bois de chêne;
le manche, long d'environ cinq pieds, est fiché
dans un morceau de bois, coupé en carré long,
sur huit pouces de longueur, quatre pouces
de largeur et quatre d'épaisseur. Le plat de cette
planche doit être garni, sur toute sa surface, de clous
dans le genre d'une brosse, mais avec de petits
intervalles, afin que le charbon ne se réduise pas
totalement en poussière. Quand le charbon se
trouve à peu près à la grosseur susdite, on le passe
au tamis, en ayant soin de faire cinq ou six tas,
l'un de la poussière, et les autres des morceaux,
toujours de plus gros en plus gros, pour former
quatre ou cinq couches.

On prend un tonneau de la grandeur que l'on
veut, mais cependant il vaut mieux qu'il soit étroit
et le plus haut possible; chaque tonneau doit être
défoncé par un bout, et avoir un trou au fond
pour y mettre un bouchon d'un pouce et demi
de diamètre, et éloigné de trois pouces des ja-
bles du tonneau ; plus un robinet placé le plus bas
possible.

Dans l'intérieur de chaque tonneau, on mettra
un double fond en tôle (2) d'une épaisseur moyenne

---

(1) Et une partie comme une noisette.

(2) On mettra autour un cercle de fer plat, large
d'un demi-pouce environ, afin que la tôle soit plus solide

percée de beaucoup de trous sur sa surface,
dans le genre d'une écumoire. Les trous doivent
être environ de cette grandeur

(●). Ce double fond doit être recouvert d'une

flanelle croisée très forte, bien tendue et cousue,
autour du bord, qu'elle doit dépasser de quel-
ques pouces ; on la replie en dessous. Pour soute-
nir ce double fond, qui doit être posé à quatre
pouces environ au-dessus de celui du tonneau,
on le pose sur une grosse tresse de paille, bien
serrée et faisant le tour du fond, ayant soin de ne
pas boucher le trou par où l'huile doit s'écouler
du filtre, ni le trou du robinet ; on fera observer
que ce double fond doit bien joindre avec les pa-
rois du tonneau.

Au-dessus de ce double fond, on met une cou-
che d'épis de blé battus et dépouillés de leurs
grains ; cette couche doit être à la hauteur d'en-
viron trois pouces ; les épis doivent être serrés les
uns contre les autres afin de ne pas laisser passer
le charbon. On met sur cette couche d'épis, une
couche de charbon pilé fin à la hauteur d'un
pouce ; on ajoute, sur cette première couche de
charbon, une seconde couche, mais pilé plus gros
que celui de la précédente ; on continue à en
mettre ainsi, une troisième, une quatrième et une
cinquième couche jusqu'à environ 7 ou 8 pouces
de hauteur, à partir de la couche des épis de blé ;
mais chaque nouvelle couche doit être d'un char-
bon plus gros que celle qui est immédiatement en
dessous.

Après que toutes les couches sont terminées,

---

et plus droite, et que la flanelle ne se coupe pas ; ce cercle
devra être percé de plusieurs trous pour y coudre la fla-
nelle.

on assujétit au-dessus un autre double fond, mais en bois, percé sur toute sa surface d'un grand nombre de trous de la grosseur du bout du petit doigt, afin de verser par-dessus l'huile à éclaircir sans déranger les couches du charbon.

Lorsque les filtres sont préparés, comme il est dit au paragraphe précédent, on soutire l'huile de la pièce où elle a subi la première opération, et on la verse dans le filtre, en laissant le trou en dessous ouvert, pour laisser passer et tomber l'huile dans la tonne ou tonneau qui doit la contenir. On conçoit que, lorsque le filtre vient d'être construit nouvellement, quelques heures avant que l'huile ait pénétré le charbon, le déchet est aussi plus considérable, attendu que le charbon retient de l'huile, il faut donc la continuité du travail pour rendre ce déchet peu sensible.

Celui qui charge le filtre doit faire attention à la quantité d'huile qui passe au bout de quelques heures, afin de le charger en conséquence pour la nuit.

Il arrive quelquefois que les filtres (malgré tous les soins pris pour les façonner) ne rendent pas l'huile bien limpide; pour y remédier, on adapte, sous le robinet, un feutre (1) par où l'huile passe : on peut être sûr alors de sa limpidité.

Ce feutre a la figure d'un cône renversé, sur dix-huit pouces de hauteur et treize pouces de diamètre à son ouverture; on assujettit le feutre à un cercle, afin de le tenir ouvert et de lui donner plus de force. (2)

On aura soin de ramasser le résidu de l'épuration ainsi que toutes les lies d'huile, dans un tonneau destiné à cet usage. Ce tonneau doit être muni

_____

(1) On l'appelle dans le pays *alambic*.

(2) Lorsque le feutre est trop gras on le donne à dégraisser au chapelier.

d'un robinet dans le bas. On verse à plusieurs re-
prises, sur ce résidu, de l'eau bouillante, on agite
le tout, et, après quelque temps de repos, on laisse
écouler l'eau par le robinet; on continue cette
opération, jusqu'à ce que le résidu ne soit plus
sale ou imprégné d'acide sulfurique (1); alors il
peut servir pour faire du savon vert. On donne
deux hectolitres de ce résidu épuré pour un hec-
tolitre d'huile. Au-dessus de ce dépôt, il peut s'y
trouver de l'huile pure, surnageant ce dépôt; on
a soin de la retirer avec une cuiller plate, pour
la faire passer de nouveau à l'épuration.

De l'épuration de l'huile de colza ou de na-
vette, connue dans le commerce sous le nom
d'huile à réverbères, ou de seconde qualité.

A cent livres d'huile de colza ou de navette, on
ajoute douze onces d'acide sulfurique concentré;
on agite ce mélange pendant 40 ou 45 minutes;
on ajoute ensuite quatre ou cinq litres d'eau froide,
on agite encore ce nouveau mélange pendant 20
ou 25 minutes. Ensuite on continue les autres opé-
rations comme pour l'huile à quinquet.

De l'épuration de l'huile d'olliette ou pavot,
pour manger en salade et autres usages éco-
nomiques.

A cinq hectolitres d'huile d'olliette (2), on ajoute

---

(1) Quelques épurateurs mettent ce résidu dans une
chaudière avec une quantité d'eau suffisante, et le font bouil-
lir quelque temps; alors la matière, qui surnage cette eau,
est le résidu épuré qui sert à faire le savon vert, comme
il est dit au paragraphe IV.

(2) L'hectolitre d'huile d'olliette pèse 188 livres et
demie, poids de marc.

trois quarts de litre d'acide sulfurique; ou agite le mélange pendant trente minutes; on ajoute ensuite neuf litres d'eau bouillante, dans laquelle on aura fait bouillir une once de cannelle concassée. Lorsque l'eau est versée dans l'huile, on y met trois oignons blancs pelés (1), dans lesquels on aura enfoncé des clous de girofle; il faut remuer ce nouveau mélange pendant douze ou quinze minutes, et après sept ou huit jours de repos, passer l'huile par un filtre comme pour les précédentes.

Observation essentielle. Tous les instrumens qui auront servi pour épurer, filtrer, etc., les huiles de colza, ne pourront être employés pour l'huile d'olliette. On aura soin aussi de nettoyer de temps à autre avec de l'eau bouillante les instrumens qui auront servi à épurer l'huile d'olliette.

Nota. Pour mettre l'huile d'olliette épurée en futailles, on aura soin auparavant de les nettoyer avec de l'eau bouillante et passer dans chaque futaille un demi-verre d'eau-de-vie de grain et de les laisser égoutter pendant un jour ou deux; les futailles ainsi préparées sont prêtes à recevoir l'huile.

Procédé propre à épurer les huiles; par
MM. Colin de Cancey et compagnie. (*Paris.*)

MM. Colin de Cancey et Cᵉ ont obtenu, en 1812, un brevet d'invention de cinq ans, pour l'épuration des huiles; voici leur procédé :

Après avoir préparé les huiles par l'acide sulfurique, comme on le fait ordinairement, on les bat bien à froid dans des foudres destinés à cet usage, en incorporant, durant le travail, vingt-deux déca-

---

(1) Si les ognons surnageaient l'huile on y planterait quelques clous pour les faire descendre au fond de la pièce.

grammes d'éther sulfurique, pour douze cents kilo-
grammes d'huile; on laisse reposer, on passe plu-
sieurs fois dans des filtres bien préparés, et l'épu-
ration est achevée.

Dépuration des huiles de poisson par les alca-
lis, l'acide sulfurique et le charbon réunis;
par M. COLLIER.

Pour dépurer l'huile de poisson, M. Collier la
fait chauffer dans une chaudière, jusqu'à la tempé-
rature de 35 à 40 de R.; il y ajoute ensuite, par
chaque 25 livres d'huile, une livre d'une lessive
alcaline qui pèse un quart de plus que l'eau dis-
tillée; on remue bien ce mélange dans la chaudière
et on le laisse reposer. On fait ensuite passer cette
huile, à l'aide d'un siphon, dans un vaisseau où
l'on a mis suffisante quantité de charbon nouveau
et pilé avec de l'acide sulfurique, étendu d'eau en
proportion suffisante, pour dissoudre la substance
mucilagineuse. L'effet de l'acide est si prompt et
si sensible que, presqu'à l'instant même, l'huile
devient limpide à la surface. On remue de nouveau
ce mélange, et on le laisse en repos, afin de favo-
riser la séparation de l'eau et du charbon, comme
nous allons le faire connaitre.

Filtre au charbon de M. Collier.

Dans la construction de ce filtre, M. Collier a
cherché à réunir à la pression hydrostatique qui,
comme l'on sait, est en raison directe de la hau-
teur du fluide, la filtration ascendante. On établit
donc un réservoir à la hauteur qu'on juge nécessaire,
et d'une capacité proportionnée à la quantité d'huile
que l'on se propose de filtrer, après qu'elle a été pré-
parée par les procédés ci-dessus décrits. Un tuyau
adapté à ce réservoir, communique par le fond

avec le vaisseau dépuratoire, et détermine, par sa
hauteur, la pression plus ou moins forte qu'on
veut faire subir à l'huile ; ce vaisseau doit être en
métal et rempli de charbon pilé et comprimé. Il est
aisé de voir que l'huile, obéissant à sa propre pression,
traverse cette masse de charbon, et sort de l'appa-
reil, totalement purifiée, par un robinet adapté à
la partie supérieure.

Un des avantages de cet appareil, c'est qu'on n'a
pas besoin de renouveler le charbon, même après
qu'il a servi long-temps ; lorsqu'il est écrasé, il
suffit de dévisser les tuyaux et d'exposer ce vais-
seau au feu jusqu'à ce qu'il soit rouge et qu'il
n'en sorte plus de fumée ; alors la substance mucila-
gineuse se trouvant brûlée, le charbon retrouve sa
vertu dépurante, et sert à de nouvelles expériences.

Nous devons à ce même artiste un autre appareil
pour filtrer en grand les huiles d'une qualité in-
férieure ; il consiste en un alambic rempli de char-
bon pilé jusqu'au chapiteau, il doit être placé ver-
ticalement et demeurer vide. Cet alambic reçoit
l'huile d'un vase au moyen d'un tube de commu-
nication ; on le chauffe suffisamment, pour que
l'huile s'élève à travers le charbon jusqu'au chapi-
teau, et se rende, en traversant un serpentin, dans
un tonneau. Nous ne saurions conseiller cette mé-
thode, attendu que l'huile, ainsi chauffée, doit
conserver un goût empyreumatique, et doit être
plus disposée à rancir.

Pour compléter cette partie, j'y joindrai le ta-
bleau des quantités d'huiles de graines, que l'on
épure annuellement dans le département de la
Seine, ainsi que les frais que cette épuration exige
et les bénéfices qu'elle donne. Nous devons ce ta-
bleau à M. le comte de Chabrol, préfet de la Seine ;
il est bon de faire observer que ces huiles ont été
fabriquées dans le Nord.

14

Dépuration de l'huile pétrole, par M. de Saussure.

Nous avons déjà fait connaître qu'on séparait aisément le naphte de l'asphalte par la distillation, et que c'était le vrai moyen de l'obtenir pur.. M. de Saussure a cru devoir rechercher si l'on ne pourrait pas arriver au même but, en traitant le pétrole par l'acide sulfurique, comme on l'opère pour les graines oléagineuses. Nous allons transcrire textuellement les résultats qu'il a obtenus, en faisant remarquer d'abord, que l'huile, sur laquelle il a opéré, provenait de la distillation de la mine d'asphalte de Travers, dans le canton de Neufchâtel.

« J'ai ajouté., dit-il, au pétrole renfermé dans une bouteille, dont il occupait environ le tiers, de l'acide sulfurique du commerce, dans les proportions du neuvième au dixième du poids de l'huile, et j'ai mêlé les liquides, en secouant fortement le vase après l'avoir fermé pendant sept à huit minutes. Il ne convient pas d'opérer sur de trop grandes doses de pétrole, parce que le mélange se fait alors trop difficilement. La proportion d'acide peut être augmentée ; plus elle l'est, plus on est sûr du succès de l'opération ; un quinzième d'acide suffirait à trois ou quatre onces d'huile, mais non pas à deux livres de ce bitume.

J'ai laissé les substances en contact pendant une semaine, en les agitant chaque jour, excepté le dernier où j'ai séparé, par décantation, l'huile d'un dépôt noir, épais, très fétide, qui paraît être une combinaison d'une portion de l'acide sulfurique avec le principe colorant modifié. La liqueur décantée, avait une légère odeur d'acide sulfureux, qui a disparu par son exposition à l'air ; si, à cette époque, le pétrole conservait encore son odeur bitumineuse, cela indiquerait qu'on n'a pas assez vivement agité le mélange dans la première opération, et il conviendrait de recommencer en ajoutant de nouvel acide.

Le pétrole, séparé du dépôt précédent, a été mêlé avec une solution de potasse caustique, composée d'une partie de cet alcali séché au feu, et de vingt parties d'eau. Lorsque l'huile s'est séparée par le repos, elle a été décantée, puis agitée fortement dans une grande bouteille fermée, pleine d'air, et dont l'huile n'occupait que la dixième partie; elle a été mêlée ensuite avec quatre ou cinq fois son volume d'eau, qui y a formé une émulsion laiteuse, permanente, composée d'eau et d'une combinaison particulière d'acide et de pétrole, sur laquelle l'huile surnageait presque pure. Ce pétrole a été de nouveau agité dans l'air, puis lavé avec de l'eau. En répétant ces opérations (1) jusqu'à ce que l'huile, après avoir été agitée dans l'air, n'ait plus formé d'émulsion permanente avec l'eau, j'ai obtenu du pétrole moins odorant qu'aucune huile fixe végétale; il ne retenait qu'une quantité insignifiante d'acide sulfurique. Cette huile était d'abord trouble, mais elle s'est clarifiée complétement par la filtration au travers du papier et par un repos de quelques heures. Nous pensons qu'on pourrait abréger beaucoup cette opération

____

(1) On pourrait supprimer le traitement successif avec l'eau et l'air, et abréger ainsi beaucoup l'opération, en employant une solution deux fois plus chargée de potasse; mais la grande quantité de cet alcali rendrait le procédé trop dispendieux. Je dois faire observer que l'alcali, qui a servi dans les proportions que j'ai indiquées pour la purification du pétrole, est bien loin d'être saturé par l'acide sulfurique, et qu'on peut employer le même sel à plusieurs purifications, en faisant évaporer sa solution, et faisant rougir le résidu.

en agitant l'huile, après qu'elle a été traitée par
l'acide sulfurique et la potasse, avec de l'eau de
chaux, qui, d'ailleurs, la dépouillerait plus facile-
ment de l'acide sulfurique qu'elle retient.

Il serait bon de tenter l'application de la méthode
que M. de Saussure a employée, pour le pétrole, à
l'huile de cade; nous sommes portés à croire qu'a-
vec quelques légères modifications ou changemens,
elle pourrait fort bien réussir; une telle dépuration
serait d'un avantage immense pour quelques loca-
lités du midi de la France.

Nous allons maintenant joindre ici le tableau de
l'épuration des huiles de graines oléagineuses, dans
le département de la Seine, dont nous avons déjà
parlé.

ÉPURATION DES HUILES DE GRAINES DANS LE DÉPARTEMENT DE LA SEINE.

DÉPENSE DE L'ÉPURATION.

ÉTABLISSEMENS. Nombre des établissemens.	Valeur foncière et mobilière des établissemens. (francs.)	MAIN-D'ŒUVRE. Nombre des ouvriers.	Prix moyen de la journée. (francs.)	MATIÈRES. Premières. Huile de colza. (hectolitres.)	Huiles diverses. (hectolitres.)	Accessoires à l'épuration. Acide sulfurique à raison de 30 kil. pour 100 litres d'huile. (kilogr.)	Charbon végétal à raison d'une demi-voie pour 100 hect. (voies.)	FRAIS généraux. Éclairage, frais de bureau évalués à 500 fr. par établissement. (francs.)	TOTAL général de la dépense annuelle. (francs.)
14.	410,000.	40.	2,70.	40,000.	8,000	144,000.	240		
				48,000.					
Intérêts de la valeur foncière et mobilière des établissemens, à raison de 6 p. 100 l'an.	Salaire total des ouvriers, à raison de 300 jours de travail dans l'année.			Au prix moyen de 61 francs l'hectolitre, pris hors des barrières.		Au prix moyen de 30 francs le quintal.	Au prix moyen de 10 francs la voie.		
24,600.	32,400.			2,928,000.		47,520 fr.	2,400 fr.		
				2,977,920.					
24,600.	32,400.			2,977,920.				7,000.	3,041,920.

RECETTE. (Droits d'entrée non compris.)

RÉSIDUS. Fèces d'huile. (kilogr.)	Résidu acide à raison de 8 kil. par hectolitre. (kilogr.)	PRODUITS FABRIQUÉS. Huile à quinquet et à réverbère, épurée. (kilogr.)	VALEUR totale des résidus et des produits fabriqués. (francs.)	BÉNÉFICE résultant de la comparaison du montant des dépenses totales avec celui de la valeur totale des produits. (francs.)
450,000.	384,000.	3,950,000.		
Au prix moyen de 15 fr. le quintal.	Au prix moyen de 14 fr. le quintal.	Au prix moyen de 79 fr. le quintal.		
47,500 fr.	53,760 fr.	3,120,500 fr.	3,221,760.	179,840. — 18,93 pour 100.

Soit,

1°. A l'égard de la valeur totale des produits fabriqués, 5,58 pour 100.

2°. A l'égard du montant des fonds nécessaires pour exploiter cette branche d'industrie, que l'on évalue à 950,000 fr.

OBSERVATIONS.

On emploie à Paris les huiles de colza, de caméline et d'oliette épurées, et celles de chenevis, de faîne et de lin non épurées.

L'huile de colza est préférée aux autres pour les lampes.

L'huile de caméline n'est destinée qu'à alimenter les réverbères; il en est de même de celle d'oliette la plus commune, mais en très petite quantité.

L'huile d'oliette, première qualité, est employée comme aliment, lorsqu'elle a été extraite à froid ; les qualités intermédiaires non épurées entrent dans la composition du savon blanc, ou sont employées dans la peinture.

L'huile de chenevis sert, le plus communément, à la fabrication du savon vert.

L'huile de faîne s'emploie, pure ou mélangée, dans quelques usages économiques.

L'huile de lin n'a presque d'autre emploi que la fabrication des couleurs et les travaux de la peinture.

Résidu des huiles.

Les fèces d'huile servent aux corroyeurs dans la préparation des cuirs.

Les résidus acides sont appliqués à diverses préparations dans les fabriques des produits chimiques.

QUATRIÈME PARTIE.

HUILES ANIMALE ET MINÉRALE.

§. Ier.

Huile animale.

On trouve chez les animaux des huiles toutes formées; elles sont solides ou plus ou moins fluides, comme les diverses graisses, le beurre, les huiles de poisson, et d'autres qui sont le produit de la décomposition des substances animales soumises à l'action du calorique dans des vaisseaux clos. Nous allons commencer par l'examen de ces dernières.

Huile animale de Dippel.

Huile de corne de cerf, — empyreumatique, — d'os, etc.

Pendant long-temps on a fait un grand usage en pharmacie, comme vermifuge, etc., d'une huile dont le prix était fort élevé et qui était désignée par les dénominations précitées. On la préparait en remplissant de raclure de corne de cerf, aux trois quarts, une cornue de grès lutée, munie d'une allonge renflée à laquelle était adapté un grand ballon tubulé et muni d'un tube droit, destiné à donner issue à l'air et au gaz. L'appareil ainsi disposé, et le tout étant bien sec, on distillait à feu nu dans un fourneau de réverbère muni de son dôme, en commençant par une douce chaleur que l'on élevait graduellement jusqu'à rendre la cornue incandescente. Les premiers produits obtenus étaient de l'eau n'ayant presque plus de couleur ni de saveur, à laquelle en succédait une autre qui était jaunâtre et d'une odeur très fétide, propriétés qu'elle devait à un peu d'huile, semblable à celle qui passait bientôt à la distillation, d'abord légère, fort peu colorée et très fluide, et ensuite plus consistante et noirâtre. Dès que la cornue était incandescente et qu'il ne passait plus rien, l'opération était terminée, et on laissait refroidir l'appareil. Voici la série des produits qu'elle avait donnés.

1°. Des gaz oxide de carbone, acide carbonique, hydrogène carboné, un peu d'acide hydrocyanique, etc., qui s'étaient dégagés.

2°. Une *eau* rougeâtre, connue sous le nom d'*esprit volatil de corne de cerf*, et qui est composée de sous-carbonate d'ammoniaque et d'un peu d'huile unie à un peu d'ammoniaque, dans un état saponacé.

3°. Une huile empyreumatique, contenant des sous-carbonates d'ammoniaque, dont l'excès d'alcali forme une espèce de savon.

4°. Dans le col de la cornue et l'allonge, du sous-carbonate d'ammoniaque coloré par un peu d'huile animale; c'est ce que les anciens chimistes appelaient *sel volatil de corne de cerf.*

5°. Dans la cornue un véritable charbon animal.

On purifie cette huile en la distillant avec un peu d'eau, ou mieux en l'introduisant dans une cornue de verre au moyen d'un entonnoir muni d'un tube qui arrive jusqu'au fond de la cornue, afin de n'en pas salir les parois, et en y adaptant une allonge et un ballon. Cela fait, on procède à la distillation au bain de sable et on ne recueille que le tiers de l'huile introduite dans la cornue, si l'on veut l'avoir incolore et limpide; on l'obtiendrait colorée en en retirant davantage.

Cette huile, ainsi préparée, acquiert bientôt une couleur ambrée et finit par noircir, aussi demande-t-elle d'être conservée dans des bouteilles bien bouchées et à l'abri de la lumière. Quand elle est ainsi noircie on la rend incolore en la redistil-

lant. Au reste, pour si bien rectifiée qu'elle soit,
M. Planche s'est convaincu qu'elle pouvait être re-
gardée comme une espèce de savonule à base d'am-
moniaque, dont une once d'eau dissout dix gout-
tes, en en prenant l'odeur et la saveur.

On obtient maintenant une huile semblable, en
grand, dans les fabriques de charbon animal. On
remplit de grandes cornues de fer d'ossemens, dont
on a fait bouillir certaines parties pour en extraire
l'huile et la graisse; on les place dans de vastes
fourneaux et on les fait échauffer fortement pen-
dant long-temps. Les produits liquides et gazeux
se rendent, par de grands tubes, dans un vaste
réservoir, et, lorsque l'opération est terminée et
que le tout est refroidi, on extrait le noir animal
des cornues, on enlève l'huile qui surnage l'eau
empyreumatique; on décompose le sous-carbonate
d'ammoniaque, qu'elle contient, par le sulfate de
chaux; on filtre la liqueur et l'on décompose le
sulfate d'ammoniaque qui s'y trouve par l'hy-
drochlorate de soude. Par l'évaporation et la subli-
mation on obtient de l'hydrochlorate d'ammonia-
que (sel ammoniac) et le résidu est du sulfate de
soude. C'est ainsi qu'on fabrique maintenant le sel
ammoniac, en grand, dans les fabriques françaises,
anglaises, etc.

On purifie l'huile empyreumatique par la distil-
lation et on l'obtient incolore et plus ou moins
pure; la grande quantité qu'on en retire est cause
qu'elle est maintenant à très bas prix.

Huile d'œufs.

De tous les procédés indiqués pour obtenir l'huile
d'œufs, celui de M. Henry nous ayant paru le meil-
leur, ce sera celui que nous allons décrire. On
choisit des œufs frais, on en tire les jaunes, qu'on
fait dessécher au bain-marie dans une bassine d'ar-

gent jusqu'à ce qu'on s'aperçoive que l'huile suinte entre les doigts par la pression ; en cet état on les place dans un sac de toile de coutil et on les soumet à la presse entre deux plaques de fer chauffées à l'eau bouillante. On filtre l'huile obtenue sur un filtre placé dans un bain-marie d'alambic ; elle est alors citrine, très douce, d'une odeur analogue à celle du jaune d'œuf, insoluble dans l'eau, soluble dans l'éther en toutes proportions, et presque insoluble dans l'alcool ; exposée au contact de l'air elle se décolore promptement, ce qui fait que les pharmaciens, qui veulent la conserver quelque temps, la distribuent dans de petits flacons hermétiquement fermés.

La théorie de cette opération est des plus simples ; en effet, le jaune d'œuf se compose d'eau, d'albumine et d'huile douce. Quand on la soumet à l'action du calorique, dans la bassine, l'eau se volatilise, l'albumine se coagule et dès lors il est aisé d'en séparer l'huile par la pression.

Huile dite de pied de bœuf.

Cette huile a reçu improprement le nom d'huile de pied de bœuf, puisqu'on la prépare non seulement avec les pieds de bœuf, mais encore avec les ergots, les tendons, et généralement les os que l'on ramasse dans les rues, et qu'on fait bouillir long-temps dans de grandes chaudières et en plein air. Si l'on emploie les os qui portent le nom d'*os longs*, on coupe, avec une hache, l'extrémité de ces mêmes os qu'on met également dans la chaudière. Cette opération est d'autant plus nécessaire, que le liquide bouillant pénètre plus facilement alors dans le tissu osseux, et entraîne plus d'huile et de graisse. Lorsque l'ébullition a été long-temps soutenue, la graisse et l'huile, contenues dans les os, viennent nager à la surface de l'eau ; on les enlève et on les place dans les cuviers où l'huile prend bientôt le dessus.

FABRICATION DE L'HUILE DE PIED DE BŒUF, DES ONGLONS APLATIS ET DE COLLE NOIRE, DANS LE DÉPARTEMENT DE LA SEINE.

ÉTABLISSEMENS.			DÉPENSE ANNUELLE.						OBSERVATIONS.
NOMBRE	VALEUR		MAIN-D'ŒUVRE.		MATIÈRES		FRAIS GÉNÉRAUX.	TOTAL	
des établissemens.	foncière ou capital de location.	mobilière des établissemens.	Nombre des ouvriers.	Prix moyen de la journée de travail.	Premières. Paires de pieds. ½ de bœufs. ½ de vaches. Os, ergots et tendons.	Accessoires à la fabrication. — Houille.	Éclairage, usé d'ustensiles, frais de bureau, etc., à 2,500 fr. par établissement.	de la dépense annuelle de fabrication.	On recueille les pieds de bœuf des abattoirs de Paris, à un sixième près, qui vient des villes les plus voisines.
	francs.	francs.		francs.	nombre.	voies.	francs.	francs.	
4.	20,000.	80,000.	20.	2.	100,000.	90.			
		100,000.							
Intérêts de la valeur foncière et mobilière des établissemens, à raison de 6 pour 100 l'an.			Salaire total des ouvriers, à raison de 330 jours de travail dans l'année.		Au prix moyen de 1 fr. 50 c. la paire, composée de 4 pieds.	Au prix moyen de 55 fr. la voie.			
6,000 fr.			13,200 fr.		130,000.	4,950.	10,000.	164,150.	

Produits fabriqués.

L'huile de pied de bœuf ne devrait être formée que de matières grasses ; mais elle retient souvent de la gélatine. Lorsqu'elle est bien préparée, elle est précieuse pour les mécaniques, parce qu'elle ne laisse pas de crasse comme les autres huiles : les fabricans l'altèrent quelquefois avec d'autres huiles moins chères.

Les onglons aplatis ou plaques se vendent aux tabletiers pour préparer les peignes dits à chignon ; la colle forte noire sert surtout pour la chapellerie.

Nota. Outre les quatre fabriques principales, quatre autres petites fabriques, situées dans quatre communes rurales du département, préparent quelque peu d'huile de pied de bœuf : les produits ne sont point compris parmi ceux qui font partie de ce tableau.

RECETTE.						
PRODUITS						
Résultant de la fabrication.		Fabriqués.			VALEUR totale des produits.	
OS		Plaques provenant d'ergots aplatis.	Colle noire.	Huile de pied de bœuf.		
ronds et plats pour la tabletterie.	de phalanges pour les fabricans de noir.					Bénéfice résultant de la comparaison du montant des dépenses totales avec celui de la valeur totale des produits.
nombre.	kilogr.	nombre.	kilogr.	kilogr.	francs.	Francs.
400,000.	50,000.	800,000.	25,000.	33,333.		
Au prix moyen de 25 fr. le 100 d'os.	Au prix moyen de 6 fr. les 100 kil.	85,000 à 20 fr. / 152,000 à 12 / 121,000 à 9 / 160,000 à 6 / 165,800 à 4 / 103,600 à 3 / 11,800 à 2 } le cent.	Au prix moyen de 1 fr. 50 c. le kilogr.	Au prix moyen de 2 fr. 20 c. le kilogr.		Soit, 1°. A l'égard de la valeur totale des produits, 15,22 pour 100; 2°. A l'égard du montant des fonds nécessaires à l'exploitation de cette branche d'industrie, que l'on évalue à 36,000 fr.
14,000 fr.	3,000.	65,796 fr.	37,500.	73,332 fr.	193,628.	29,478.
17,000		176,628.				81,88 pour 100.

Cette huile a une odeur dégoûtante; elle sert à l'éclairage, et la graisse est plus particulièrement employée pour les voitures, de même que le cambouis. On a long-temps préparé cette huile dans divers faubourgs de Paris, et principalement dans les environs des rues *Copeaux* et *Gracieuse*; maintenant on l'obtient dans toutes les fabriques de charbon animal.

M. Denis de Montfort l'a purifiée en la filtrant à travers le charbon et le sable; il assure l'avoir rendue un si bon comestible, que madame la maréchale de Brissac la trouvait supérieure à toutes les autres huiles pour les fritures. Je joins ici le tableau de la quantité qu'on en fabrique dans le département de la Seine, ainsi que celui des dépenses et des bénéfices que cette fabrication donne; c'est à M. le comte de Chabrol qu'il est dû.

Huile de pied de bœuf véritable.

On prépare cette huile en faisant cuire dans l'eau les pieds de bœuf, que l'on a préalablement dépouillés de leur corne. Cette huile, ainsi obtenue, est liquide, jaunâtre et inodore; elle ne s'épaissit et ne se fige que difficilement, ce qui la rend précieuse pour les horloges et le graissage des mécaniques. On la conserve dans de grandes jarres où elle se dépure par le repos. On l'emploie comme aliment et plus spécialement pour les fritures; comme toutes les graisses animales, elle doit être formée d'oléine et de stéarine.

Huiles animales solides.

Beurre.

On prépare le beurre en abandonnant le lait à lui-même dans des terrines; peu de temps après il se rassemble à la surface beaucoup de crême qui

se trouve composée de beurre en quantité, de ma-
tière caseuse et de sérum. On enlève cette crême
et on la bat dans une baratte au moyen d'un long
bâton à l'extrémité duquel on a placé un disque de
bois. Par cette opération la crême se trouve chan-
gée en beurre et en lait de beurre. Celui-ci est une li-
queur blanche formée par le sérum qui tient en sus-
pension du caséum et du beurre. Lorsqu'on s'aper-
çoit que cette séparation est parfaite, on sépare le
beurre, on le lave à grande eau, en le malaxant, jus-
qu'à ce qu'elle reste incolore ; malgré cela le beurre
retient constamment un peu de ces deux substances
qu'on ne peut en séparer que par la fusion.

Le beurre est blanc ou jaune, d'une consistance
plus ou moins forte, d'une saveur agréable, inso-
luble dans l'eau, se rancissant par le contact de
l'air ; 100 parties d'alcool bouillant en dissolvent
3,46. Ce menstrue en sépare successivement un
principe colorant, un principe aromatique, de
l'acide butirique, de la stéarine et deux huiles,
la butirine et l'oléine. Nous avons fait connaître
l'oléine ; nous allons parler de la butirine.

Butirine. Découverte par M. Chevreul dans le
beurre. Elle est presque toujours colorée en jaune,
d'une odeur de beurre chaud, fluide à 19°, con-
gelable à 0, sans action sur le tournesol, insoluble
dans l'eau, soluble en toutes proportions dans
l'alcool bouillant et à 0,822. Elle se saponifie aisé-
ment et se convertit en glycérine et en acides bu-
tirique, caprique, margarique et oléique qui s'u-
nissent à l'alcali.

Des graisses.

La graisse existe dans le tissu de tous les ani-
maux, principalement sous la peau près des reins,
dans l'épiploon, etc. Elle est blanche ou jaunâtre,
tantôt odorante et souvent inodore, d'une con-

sistance qui varie suivant les animaux, leur âge et
les parties d'où on l'a extraite; elle est d'une saveur
douce et fade, plus légère que l'eau, sans action
sur le tournesol, plus ou moins fusible, s'altérant
à l'air et acquiert une odeur et une saveur rances;
insoluble dans l'eau, soluble en partie dans l'alcool
qui s'empare de l'oléine. La graisse forme avec les
alcalis et les oxides, tels que la baryte, la chaux
et la strontiane, et ceux de zinc et de plomb, des
espèces de savons.

Les graisses, quoique étant des produits immé-
diats du règne animal, ne contiennent pas un
atome d'azote, tandis qu'un grand nombre d'huiles
douces en donnent à l'analyse; à cela près, leur
composition, c'est-à-dire leurs principes immédiats,
sont les mêmes. Les graisses sont donc composées
d'oléine et de stéarine, et c'est des proportions de
cette dernière que dépendent leur mollesse et leur
fusibilité. Nous allons maintenant jeter un coup
d'œil sur les principales graisses.

Graisse de porc, axonge ou sain-doux.

Cette graisse est blanche, inodore, molle, fusi-
ble à 27 Cᵒ, et insoluble dans l'eau; 100 parties
d'alcool bouillant en dissolvent 2,80 qui sont de
l'oléine. Traitée par les solutions alcalines causti-
ques; elle se convertit en glycérine et en marga-
rate, oléate et stéarate de ces bases qui, par leur
union, constituent les savons. L'axonge, telle
qu'on l'extrait de l'animal, porte le nom de *panné*;
elle est enveloppée de membranes et de portions
de tissu cellulaire. On la débarrasse de ces mem-
branes, on la coupe à petits morceaux et on lui
enlève un peu de sang qu'elle contient en la ma-
laxant dans de l'eau jusqu'à ce que ce liquide reste
clair. En cet état on la fond, à un feu doux, avec un
peu d'eau; on la laisse refroidir, et on l'enlève

couche par couche pour la séparer de l'eau qui reste au fond de la bassine. Pour achever de l'en dépouiller, on la fond de nouveau, au bain-marie, afin de vaporiser le peu d'eau qu'elle peut contenir, et lorsqu'après l'avoir agitée, on en jette un peu dans le feu, et qu'on s'aperçoit qu'elle ne pétille point, on la retire du bain-marie et on la coule dans les pots, dès qu'elle commence à se figer. C'est de cette manière que l'on purifie toutes les graisses.

Le sain-doux est composé, d'après M. Chevreul, d'oléine et de stéarine ; quant à ses principes élémentaires, ils sont, d'après le même chimiste, dans les proportions suivantes :

Hydrogène. .	11,146
Oxigène . . .	9,756
Carbone . . .	79,098
	100,000

D'après M. de Saussure.

Carbone . . .	78,843
Hydrogène. .	12,182
Oxigène . . .	8,502
Azote.	0,473
	100,000

Il y a une très grande différence dans les résultats de ces deux analyses, surtout dans les proportions du carbone ; en faisant cette observation, nous ajouterons que tous les chimistes s'accordent, avec M. Chevreul, à ne plus admettre l'azote parmi les principes constituans des graisses.

L'axonge est employée comme aliment ; dans les arts elle sert dans la corroierie, la hongroierie, l'éclairage, etc. ; dans la pharmacie, elle est la base de certains onguens et pommades, et principalement de celles qu'on regarde comme cosmétiques. On en fabrique aussi des savons durs de la plus grande beauté.

Graisse de mouton ou suif.

Cette graisse diffère de la précédente en ce qu'elle est plus ferme; elle est inodore ou très peu odorante, insipide, cassante, quand elle est bien pure, insoluble dans l'eau et si peu dans l'alcool que 100 parties n'en dissolvent que 2,26, dont la plus grande partie est de l'oléine. C'est la graisse la plus riche en stéarine.

On extrait le suif des reins et autour des viscères mobiles, etc., du bœuf, du cerf, du bouc, du mouton, etc.; il est bon de faire observer que ces divers suifs présentent quelques légères différences dans leur consistance, leur couleur et leur combustibilité; celui du mouton est le plus blanc et le plus beau. On le prépare et on le purifie comme la graisse de porc.

Ce serait ici le cas de rendre compte des recherches que M. Braconnot a entreprises sur le suif, et que l'on trouve insérées dans le tome 1er du *Journal de Pharmacie;* mais comme l'examen des graisses ne doit être regardé que comme un accessoire de notre travail, nous le passerons sous silence. Nous nous bornerons donc à dire que M. Chevreul regarde le suif de mouton comme composé de stéarine, d'oléine et d'un peu d'hircine; quant à ses principes élémentaires il donne les proportions suivantes :

Carbone . . .	78,996
Hydrogène. .	11,700
Oxigène . . .	9,304
	100,000

Graisse ou suif de bœuf.

Ce suif diffère du précédent par une légère couleur jaunâtre; il est ferme, cassant, fusible à 40° centig.; insoluble dans l'eau et soluble dans 40 d'alcool bouillant. Mêmes propriétés et mêmes constituans que celui du mouton.

Graisse médullaire du bœuf.

Cette espèce de graisse est d'un blanc bleuâtre, d'une saveur et d'une odeur fades; elle est fusible à 45° centig.; elle est composée de :

> Suif. . . 76 parties.
> Huile . . 24
> ———
> 100

Cette huile a une odeur désagréable et est presque incolore.

Graisse humaine.

Elle est plus ou moins fluide, suivant les proportions de stéarine dont elle est formée; elle est jaunâtre, d'un goût faible, plus ou moins odorante, et fait ordinairement la vingtième partie du corps humain; 100 parties d'alcool à froid en dissolvent 2,48. Avec les alcalis elle donne un savon ferme. M. Chevreul s'est convaincu qu'un savon de graisse, qu'il avait fabriqué avec celle du sein d'une femme, décomposé par l'eau, donnait une odeur de fromage, tandis qu'un autre, préparé avec de la graisse de cuisse, n'avait pas cette odeur. La graisse humaine est presque aussi riche en stéarine que le suif de mouton.

La graisse humaine varie suivant les parties du corps où elle se trouve; ainsi, elle est plus ferme aux environs des reins et sous le tissu cutané, tandis qu'entre les fibres musculaires elle coule même presque comme une huile à demi figée ; près des viscères mobiles, tels que le cœur, l'estomac et les intestins, autour des articulations et dans l'intérieur des capsules corticulaires elle est comme grenue, etc. L'âge apporte aussi beaucoup de variations dans la graisse ; dans le fétus c'est une espèce de gélatine, à laquelle succède un peu de graisse grenue, dont la quantité augmente promptement après la naissance et dans le printemps de la vie ; celle de la peau conserve long-temps sa couleur blanche, mais elle jaunit quand on vieillit ; chez les femmes elle est beaucoup plus molle que chez l'homme. C'est à quarante ans que l'espèce humaine a le plus de graisse ; le corps se trouve alors dans une espèce de cachexie graisseuse ; après ce temps elle diminue peu à peu et dès-lors la peau, qu'elle tenait distendue, devient ridée. Les vieillards ont peu de graisse, mais elle est dure et d'un jaune foncé qui, parfois, se rapproche de la couleur brune. On observe les mêmes faits chez les animaux.

Une surabondance graisseuse peut déterminer plusieurs affections morbifiques ; dans quelques circonstances elle a augmenté le poids de l'homme qui va de quatre-vingts kilogrammes jusqu'à trois cents. Dans le plus grand nombre de maladies elle fond et disparaît en grande quantité ; il semble qu'alors la nature l'ait déterminée à servir de nourriture au corps pour suppléer au défaut d'alimens. Ce qui semble venir encore à l'appui de cette assertion, c'est que les loirs et les marmottes, qui sont très gras, sortent de leurs trous très maigres, après qu'ils cessent d'hiverner.

En général la graisse des mammifères diffère peu de celle de l'homme. Voici un aperçu des différences qu'elles offrent entre elles.

1°. La graisse des herbivores et des frugivores est plus ferme que celle des carnivores.

2°. Celle des oiseaux est douce, fine, très fluide et onctueuse.

3°. Celle des poissons est fluide.

4°. Celle des insectes, des mollusques et des vers est par petits pelotons ; elle est plus rarement sous leur peau qu'autour des vicères du bas-ventre.

Nous allons terminer cet aperçu sur les graisses en indiquant la quantité de matières saponifiée et soluble dans lesquelles 100 parties de chacune des quatre graisses que nous avons indiquées, peut se convertir, d'après M. Chevreul.

Graisse de porc.

Partie saponifiée. . . 94,7
Matière soluble. . . 5,3
100,0

Graisse de mouton.

Partie saponifiée. . 95,1
Matière soluble. . . 4,9
100,0

Graisse de bœuf.

Partie saponifiée. . 95
Matière soluble . . 5
100

Graisse humaine.

Partie saponifiée . . 95
Matière soluble. . . 5
100

Sous ce rapport la graisse humaine se rappro-
che beaucoup de celle du bœuf; quant à la disso-
lubilité de la stéarine de ces graisses dans l'alcool,
100 parties de ce mentrue, d'une densité de 0,7952,
bouillant, dissolvent :

Stéarine de bœuf.	. . .	15,48.
— de mouton	. .	16,07
— de porc.	. . .	18,25
— humaine	. . .	21,50

Il y a, une différence de solubilité dans tou-
tes les stéarines, ce qui suppose une différence
de composition ; celle d'oie est d'autant plus re-
marquable que la même quantité d'alcool en dis-
sout 36.

M. Raspail a lu un mémoire sur l'étude physio-
logique des graisses dans leur analogie avec la fé-
cule des végétaux.

Si l'on déchire, sous un filet d'eau, un morceau
de graisse ferme, il s'en échappe des myriades de
granules qui se rassemblent à la surface de l'eau ;
si l'on jette sur un filtre et qu'on laisse sécher ces
granules ils se présentent à l'œil comme une pou-
dre amylacée, mais ne réfléchissant pas la lumière
d'une manière aussi cristalline que les grains de
fécule. En agitant ensuite ce qui est resté sur le
filtre, dans l'alcool, on voit tous ces granules tom-
ber au fond du liquide, comme la fécule se dépose
au fond de l'eau.

Les granules de graisse observés au microscope
affectent souvent des formes tellement cristallines
que, par réflexion, on serait tenté de les prendre
pour des fragmens de quartz; ces facettes provien-
nent de leur compression mutuelle. Les granules
de graisse de porc s'offrent, au contraire, comme
de gros grains réniformes de fécule avec un pédi-
cule considérable, que M. Raspail appelle le
hile, et qu'il a trouvé sur tous les granules végé-

taux qu'on avait cru isolés. Ce *hile* est le point
par lequel le globule tenait à la membrane qui le
renferme.

Le tissu adipeux se compose, d'après les re-
cherches de M. Raspail, comme il a décrit le tis-
su cellulaire végétal, c'est-à-dire, de cellules dans
le sein desquelles sont nées d'autres cellules, et
ainsi de suite jusqu'aux granules de graisse, qui
ne sont que des cellules infectées de substance
grasse, et dont la structure est absolument analo-
gue à celle d'un grain de fécule. Ils se composent,
comme la fécule, d'un tégument externe et d'un
tissu cellulaire interne, dont les cellules renfer-
ment immédiatement la substance graisseuse. En
faisant bouillir ces granules dans un grand excès
d'alcool, les tégumens restent insolubles, et, en se
précipitant lentement par le refroidissement, ils
représentent la stéarine, mais stéarine absolument
infusible, quand on l'a obtenue d'un état suffi-
sant de pureté.

Huile de poisson.

On extrait des poissons, et plus particulièrement
des cétacés, une sorte de graisse fluide qui porte le
nom d'huile, avec le nom du poisson d'où on l'a ex-
traite. Quoique le blanc de baleine ne soit pas, à
proprement parler, une huile, cependant comme
elle en contient et qu'elle s'y rattache par quelques
uns de ses caractères, nous avons cru devoir en
faire mention.

Blanc de baleine.

Cette substance se trouve dans le tissu cellulaire
qui est interposé entre les membranes du cerveau
de diverses espèces de cachalot, particulièrement
du *physeter macrocephalus*, mêlée avec une huile li-

quide dont on en sépare la majeure partie au
moyen d'un sac de laine. Suivant Thomson on pu-
rifie le blanc de baleine, en le traitant avec une les-
sive alcaline, par l'ébullition.

Le blanc de baleine est solide ; d'un blanc nacré,
doux au toucher, tachant, fusible à 44° C°, inso-
luble dans l'eau, soluble dans environ 18 parties
d'alcool bouillant et se déposant en partie, par le
refroidissement, en lames cristallines; il est sans ac-
tion sur le tournesol, ne se saponifiant qu'en partie
et donnant à la distillation de l'eau acide et un pro-
duit solide cristallisé qui en fait les 0,9 en poids.

M. Chevreul l'a trouvé composé de cétine et
d'une huile fluide à 18°; quant à ses principes élé-
mentaires, M. Berard les a trouvés être de

Carbone. 81
Hydrogène. 13
Oxigène , ... 6
                                ———
                                100

D'après M. de Saussure, il serait composé de

Carbone 75,474
Hydrogène. 12,795
Oxigène 11,377
Azote 0,354
                           ———————
                           100,000

Huile de dauphin.

Cette huile s'extrait à la chaleur du bain-marie,
du dauphin, *delphinus globiceps.* Elle est contenue
dans les tissus de ce cétacé; sa couleur est légère-
ment citrine, et son odeur se rapproche de celle du
poisson; son poids spécifique est de 0,9178, sa
densité étant 20°; 110 parties de cette huile se dis-
solvent dans 100 d'alcool à 0,812 et à une tempé-

rature de 70° C°. Cette solution est sans action sur la teinture du tournesol.

L'huile de dauphin exposée à un froid de 3°—o se sépare en une substance cristalline, et en une huile qui se fige à 2° + o. La matière cristalline a beaucoup d'analogie avec la cétine.

Cette huile paraît formée d'oléine, de phocénine et d'un peu d'acide phocénique.

Huile de marsouin.

On retire cette huile de la même manière que la précédente, du *delphinus phocœna*. Elle est jaunâtre, d'une odeur de sardine fraîche, d'un poids spécifique égal à 0,937 à 16°, sans action sur le tournesol, soluble dans l'alcool et saponifiable par les alcalis.

Cette huile est composée d'oléine, de phocénine, d'un principe colorant orangé, d'un principe odorant et d'acide phocénique.

Huile de poisson du commerce.

Cette huile s'extrait de divers poissons, particulièrement de ceux qui appartiennent à la classe des cétacés, en faisant chauffer les divers tissus dans l'eau, à la chaleur du bain-marie. L'huile, qui vient nager à la surface, est coulée à travers une toile et versée dans les tonneaux après que l'on en a séparé, par le repos, une substance solide, blanche, qui a beaucoup d'analogie avec la stéarine. Cette huile est fluide, incolore, et tantôt d'un brun rougeâtre, d'une odeur désagréable, et se saponifiant assez bien, surtout quand on l'unit à l'huile d'olive. D'après M. Chevreul, elle est formée d'oléine de stéarine et de deux principes odorant et colorant, d'où l'on voit qu'elle a la plus grande analogie avec les huiles fixes.

Ses principes élémentaires sont, d'après M. Bé-
rard,

    Carbone 79,65
    Hydrogène 14,35
    Oxigène. 6
                               ——
                              100

Cette huile est susceptible d'être épurée.

Huile dite oleum jecoris aselli.

Tel est le nom que le docteur Scherer donne à
l'huile qu'on obtient, en Norwège, du foie de la
morue (*gadus asellus*) qu'on laisse putréfier. Quel-
ques praticiens regardent et emploient cette huile,
en Allemagne, comme un puissant remède contre
les affections goutteuses, rhumatismales et le ra-
chitis; on la donne à l'intérieur par cuillerées à
bouche.

§. II.

Huile minérale.

Quoique, rigoureusement parlant, il n'existe
point d'huile minérale, et que toutes les huiles
connues soient des produits des êtres organiques,
cependant l'on donne ce nom à celles qui sont des
productions naturelles, c'est-à-dire qu'on trouve
toutes formées au sein ou à la surface de la terre,
et qui paraissent dues à la décomposition des sub-
stances végétales. Ces huiles doivent être regardées
comme étant de nature bitumineuse et ne différant
entre elles que par les proportions d'asphalte,
comme nous le dirons bientôt. Nous allons dé-
crire les deux qui, par la proportion de leurs prin-
cipes, constituent les diverses variétés de quel-
ques bitumes.

Huile de naphte ou *bitume naphte.*

Le naphte existe plus ou moins pur à la surface ou dans le sein de la terre dans quelques localités, principalement sur les bords de la mer Caspienne, près de Bakou; il se dégage, du sol qui le recouvre, des vapeurs inflammables que les naturels enflamment pour faire cuire leurs alimens. Il suffit de creuser des puits de 10 mètres de profondeur, et à une distance d'environ 300 mètres, pour y recueillir beaucoup de naphte. Dans la Perse et dans la Médie, cette huile s'exsude de certaines argiles blanches, jaunes ou noires; on en trouve encore en Amérique, en Allemagne, en Italie, dans la Calabre, en Suède, etc. La source qui fut découverte en 1802, dans le duché de Parme, fut employée à l'éclairage de cette ville.

L'huile de naphte pure est transparente, aussi fluide que l'alcool; celle qu'on trouve dans la nature, a une teinte jaunâtre plus ou moins prononcée; elle est presque insipide, grasse au toucher, d'une légère odeur bitumineuse agréable, inaltérable à l'air et à la lumière, d'un poids spécifique qui varie depuis 0,876 jusqu'à 0,708, suivant les quantités d'asphalte qu'elle contient. Le naphte bout, quand il est pur, à 85° et demi, son poids spécifique étant d'environ 0,7, tandis qu'il faut une température plus élevée suivant qu'il contient d'asphalte. Ainsi, celui de Perse n'entre en ébullition qu'à 160 c°. Soumis à la distillation, il passe sans s'altérer, et laisse l'asphalte pour résidu; c'est le moyen dont on se sert pour le purifier. Si la température, à laquelle on l'expose dans un vaisseau fermé, n'est que d'environ 35°, il se sublime un quart de son poids de cristaux incolores, minces, transparens, éclatans, en lames rhomboïdales, qui sont ordinairement tronquées à leurs angles aigus et sont inflammables, inaltérables à l'air et insolubles dans

l'eau. Ces cristaux ont une odeur très forte de
benjoin et d'empyreume ; leur nature n'a pas en-
core été bien déterminée. Si l'on se contente d'ap-
procher un corps enflammé du naphte, il s'en-
flamme aussitôt, à l'instar des huiles volatiles. Les
acides minéraux, de même que la potasse et la
soude, n'exercent qu'une action très faible sur cette
huile, tandis que le chlore la rend moins fluide,
moins inflammable et moins volatile, en se con-
vertissant lui-même en acide hydro-chlorique.

Le naphte est soluble en toutes proportions dans
l'alcool absolu, l'éther sulfurique, le pétrole et les
huiles fixes et volatiles ; porté à l'ébullition, il
dissout $\frac{1}{13}$ de son poids de soufre, $\frac{1}{3}$ de phosphore,
$\frac{1}{8}$ d'iode, beaucoup de résine et de camphre, de la
cire en toutes proportions, etc.

M. Théodore de Saussure, qui a analysé le naphte,
l'a trouvé composé de

$$\text{Carbone} \ldots \ldots \ldots 87,60$$
$$\text{Hydrogène} \ldots \ldots \ldots 12,78$$

M. Thomson a analysé aussi du naphte, qui pro-
venait de la Perse, dont la densité était de 0,753 et
le point d'ébullition à 160° cent., il l'a trouvé
formé de

$$\text{Carbone} \ldots \ldots \ldots 82,2$$
$$\text{Hydrogène} \ldots \ldots \ldots 14,8$$

Peut-être un peu d'azote.

M. de Saussure s'est livré à une série d'expérien-
ces sur le naphte d'Amiano, dans le duché de Parme,
d'après lesquelles il a reconnu que cette huile, dont
la densité est 0,836, ne pèse que 0,758 à 19° lors-
qu'on l'a distillée trois fois et qu'on n'a pris que
les premières portions du produit ; en cet état, sa
densité reste la même, quel que soit le nombre
de fois qu'on la redistille.

Nous avons déjà dit que le naphte uni à l'asphalte constitue, suivant les proportions, l'huile pétrole ou divers bitumes (1). Quand le naphte prédomine, il en résulte un composé liquide, connu sous le nom de pétrole; quand c'est l'asphalte, ce sont des bitumes appelés *malthe*, *pissalphalte*; *goudron minéral*, *goudron des Barbades*, etc.

Huile pétrole.

L'huile pétrole existe en grande quantité dans l'Inde, en Transylvanie, à la surface de la mer qui avoisine les îles volcaniques du cap Vert, en Italie (2), en Transylvanie, en Sicile, près de Neufchâtel, et en France; on en trouve près de Clermont, sur quelques points des bords de l'Isère, et à Gabian, petit village situé à une lieue et demie de Béziers. Plusieurs voyageurs ont parlé des

(1) L'*asphalte*, *bitume de Judée*, ou *poix juive*, est noir ou brun, solide, dur, cassant, à cassure polie, très fusible, insoluble dans l'alcool, lorsqu'il est pur, très combustible et laissant un résidu qui va jusqu'à 0,15, et d'un poids spécifique qui varie de 1,104 à 1,205. On en recueille, dit-on, à l'état liquide, sur la surface de la mer morte; avec le temps il se dessèche et durcit. On en trouve aussi enfoui dans la terre en Amérique, à la Chine, dans l'île de la Trinité et en France, dans les montagnes de Carpathian, etc.

(2) Dans plusieurs parties de l'Italie, principalement dans les duchés de Modène, de Parme et de Plaisance, on fait un grand usage de cette huile pour l'éclairage. On en connaît trois espèces à Modène; la première, qui paraît être du naphte, est très claire, très fluide, et presque sans couleur; elle est d'une odeur vive et pénétrante, sans être désagréable; la seconde est d'un jaune clair, moins fluide et moins odorante: c'est du naphte moins pur; la troisième est rouge noirâtre, plus consistante, et d'une odeur un peu désagréable. Celui-ci est, à proprement parler, l'huile de pétrole.

sources de pétrole dans l'Inde ; nous croyons faire plaisir à nos lecteurs en leur faisant connaître les principales ; celles d'Yananghoung, sur lesquelles nous n'avons d'autres données que celles que nous a transmis le capitaine Cox.

L'huile pétrole est connue de temps immémorial ; les Grecs la désignaient par le nom de πετρέλαιον, c'est-à-dire huile de pierre, ἔλαιον Μηδείας, huile de Médée, parce qu'ils croyaient que Médée avait trempé la robe qu'elle envoya à Glaucé, dans l'huile de pétrole qu'on trouve aux environs de Babylone, et qu'ils nommaient ναφθα : les naturalistes lui donnent encore ce nom. Les Latins l'avaient désignée par celui de *petroleum*, les Italiens de *petroglio*, et les Anglais de *petroly*, *rok-oil*. Après cette courte digression sur la connaissance de l'huile de pétrole, nous allons passer à l'examen de celle qui fait l'objet de cette notice.

Yananghoung ou Raynanghoung, est une petite ville de l'empire des Birmans, située sur le fleuve dit l'*Erawaddy*, à 50 lieues S. O. de la capitale qu'on appelle Amarapoorah, et à 80 N. E. de Pégu. Les puits de pétrole sont à huit milles de cette ville ; on y arrive par un chemin tracé par la nature, au milieu de dunes arides sur lesquelles végètent quelques euphorbes. Ces puits n'offrent pas d'ensemble symétrique ; ils sont à une distance, les uns des autres, de trente à quarante verges. A environ trois milles du fleuve, on trouve cent quatre-vingts puits d'huile de pétrole, et au N. E. et à environ quatre à cinq milles plus loin, on rencontre l'orifice des principaux puits, dont la forme est presque toujours quadrangulaire jusqu'à la base. Lorsque l'on commence à creuser le sol, on trouve une terre sablonneuse et légère parsemée de fragmens siliceux, à laquelle succèdent des couches minces d'une argile dure. Lorsqu'on est arrivé à une profondeur de trente pieds,

l'on rencontre une argile d'un bleu pâle, imprégnée
d'huile, qui repose sur des bancs de schiste et d'ar-
doise; lorsqu'on est arrivé de cent dix à cent
trente pieds, on trouve une houille sulfureuse et
pyriteuse; on continue à creuser jusqu'à ce que
l'on rencontre l'huile. Cette profondeur est plus
ou moins considérable; elle est quelquefois de
deux cent cinquante pieds, depuis la surface de la
terre. Les mineurs, au fur et à mesure qu'ils creu-
sent le terrain, en revêtent les parois avec des plan-
ches de cassiers, de six pieds de longueur, six pou-
ces de largeur, et deux d'épaisseur, qu'ils joignent
solidement et qu'ils clouent ensemble. Il arrive
souvent que les ouvriers sont asphyxiés; malgré
cela ils ne prennent aucune précaution pour obvier
à ce malheur. Il est très rare que l'eau filtre dans ces
puits; les couches schisteuses et argileuses s'oppo-
sent au passage des eaux pluviales; lors des pluies
ils couvrent soigneusement ces puits (1).

L'huile est livrée au commerce telle qu'on l'ex-
trait de ces puits; elle est plus épaisse en hiver,
quand on la laisse exposée au contact de l'air; elle
est d'un vert foncé, d'une odeur forte et présente
toutes les propriétés qui sont communes aux hui-
les de pétrole extraites de diverses localités. Cha-
que puits occupe quatre hommes, qui reçoivent
pour salaire, ordinairement, le sixième de cette
huile; le gouvernement en perçoit, pour ses droits, le
dixième. Chacun de ces puits donne journellement
environ 1800 livres pesant d'huile, qu'on vend sur
les lieux au prix modique de cinq quarts de taçal,
où 4 francs 7 sous et demi les 365 livres pesant. En

____

(1) Ce fait est facile à concevoir, puisqu'il a égale-
ment lieu dans les mines de charbon de Witby, malgré
qu'elles soient au-dessous de la mer, et qu'elles n'en
soient séparées que par une couche de terre de 50 pieds
d'épaisseur.

déduisant les divers frais d'exploitation, les puits
rapportent, année commune, l'un dans l'autre, en-
viron 1000 taçals ou 3,500 fr.

Ces puits sont très nombreux; on en trouve 520
inscrits sur les registres de l'empire. Cette huile
est transportée dans de petites jarres sur les bords
de l'Erawaddy, où elle se vend 2 tacals les 365;
elle a déjà augmenté de trois dixièmes de sa va-
leur. On estime que chaque puits fournit par an
173 tonnes du poids de 955 livres, chacune de la
capacité de 65 gallons; or, comme il y a 520 puits
d'inscrits, cela donne 89,960 tonnes d'huile, dont
la valeur, vendue sur les lieux, et déduction faite
de cinq pour cent pour dégât et pertes, peut être
évaluée à 1,081,360 tacals ou 3 millions 886,510 fr.

L'huile pétrole, avons-nous dit, est une combi-
naison du naphte avec l'asphalte; elle est moins
fluide que le naphte, d'une couleur brune plus
ou moins foncée ou bien noirâtre; presque opaque;
d'une odeur forte, désagréable, elle est insoluble
dans l'eau et l'alcool; donne par la distillation du
naphte et un résidu bitumineux, qui est de l'as-
phalte plus ou moins altéré; elle s'unit avec les huiles
douces en toutes proportions, dissout les résines
et la cire, etc.; son poids spécifique est, d'après
Kirwan, de 0,878.

Cette huile est employée pour l'éclairage, et en
médecine comme vermifuge, etc. M. de Saussure
a entrepris un travail sur son épuration que nous
avons décrit dans la partie qui traite de cet objet.

APPENDICE.

Pendant l'impression de cet ouvrage il a paru
un mémoire très intéressant de M. Lescalier, sur
l'action du nitrate de mercure liquide et de l'a-
cide nitrique sur les huiles fixes, la cire et l'huile
de térébenthine; il résulte de ces expériences :

1°. Que par l'action de l'acide nitrique l'huile d'olive du commerce et celles de pavot et d'amandes douces, acquièrent une couleur citrine et une consistance égale à celle du suif ;

2°. Que la consistance que prennent celles de lin et de noix, est la moyenne entre la graisse et l'huile ;

3°. L'huile de poisson, traitée, de la même manière, par l'acide nitrique, est devenue d'un jaune brun, sans cesser d'être liquide, tandis que cette opération, faite avec le nitrate de mercure liquide, lui a donné la consistance de l'onguent mercuriel double ;

4°. Le suif, sur lequel on a fait agir l'acide nitrique, a contracté une couleur jaune ; par le nitrate de mercure, cette couleur a été un peu plus pâle, et sa consistance la même ;

5°. La cire jaune, en ébullition dans deux onces d'eau contenant deux gros d'acide nitrique, la décolore sensiblement ; depuis plus de quatre ans j'avais fait connaître ce fait moi-même dans le *Journal de pharmacie* ;

6°. L'huile de térébenthine, traitée par le nitrate mercuriel liquide un peu chaud, a pris aussitôt une couleur jaune, et a laissé déposer un mélange d'huile altérée et de mercure réduit, dont la consistance est égale à celle de l'onguent mercuriel ;

7°. Les huiles de lin et de noix, traitées à froid par le nitrate mercuriel, n'éprouvent pas de changement sensible dans la consistance ni dans la couleur ; à chaud, l'oxide de mercure abandonne l'acide nitrique, s'empare du mucilage et de la substance siccative, se dépose en flocons d'un jaune gris, qui se réunissent en une masse tenace, laquelle, étant chaude, se malaxe comme un emplâtre, et à froid devient friable et se pulvérise entre les doigts ;

8°. Lorsqu'on prépare la pommade citrine avec

le nitrate de mercure liquide et l'huile d'olive,
c'est à l'acide nitrique excédant et non à ce sel
que l'on doit attribuer la couleur jaune et la con-
sistance que prend l'huile d'olive. D'après ces faits,
M. Lescalier et M. Planche recommandent de pré-
parer la pommade citrine, avec la graisse oxigé-
née et l'huile d'olive. Voici les proportions que
le premier indique.

Pommade citrine.

Huile d'olive. . . . . . . 2 onces.
Acide nitrique. . . . . . 2 gros.
Mercure. . . . . 1 gros et demi.

On fait dissoudre le mercure dans l'acide nitri-
que, et l'on verse cette dissolution dans l'huile,
qu'on entretient à une douce chaleur, jusqu'à ce
qu'elle soit devenue jaune; on la retire alors du
feu et on la remue sans cesse; dès qu'elle est assez
consistante, on la coule : cette pommade, ainsi
préparée, est semblable à celle avec le sain-doux.

Pommade oxigénée.

Huile d'olive. . . . . . . 2 onces.
Acide nitrique. . . . . . 2 gros.

Versez l'acide dans l'huile, faites chauffer un
peu plus que pour la précédente opération, et
terminez-la de même.

Nous ne pousserons pas plus loin l'analyse du
travail de M. Lescalier, qu'il a étendu aux huiles
d'amandes douces, de lin, de poisson, au suif, etc.

La substitution de l'huile d'olive au sain-doux
peut être très avantageuse dans les pays où l'on
récolte beaucoup de cette huile, parce que le prix
en est inférieur à celui de la graisse de porc.

Il paraît que l'huile d'olive, en s'unissant à
quelques autres corps et en vieillissant, s'épaissit.

Nous parcourions, avec M. Queneville fils, des produits de l'ancien laboratoire de M. Vauquelin, qui ont environ trente ans, et nous avons trouvé de l'huile d'olive chargée de la partie colorante de l'orcanette, qui avait acquis une consistance et un aspect analogues aux huiles fixes, sans avoir cependant abandonné le principe colorant.

CINQUIÈME PARTIE.

Huiles volatiles.

DE tous les produits immédiats des végétaux
les huiles volatiles sont celles dont on trouve le
plus d'espèces. Tout porte à croire qu'elles sont
le principe odorant de la plupart des plantes.
Sous ce point de vue il est aisé de calculer com-
bien leur nombre est considérable. On les trouve
tantôt dans toutes les parties du végétal, tantôt
seulement dans les feuilles, dans les fleurs, dans
les écorces des bois et des fruits, ou dans les en-
veloppes des semences, et non dans les cotylédons.
Elles se distinguent des huiles douces par leur vo-
latilité, leur odeur, qui est plus ou moins forte,
suave, piquante ou désagréable, et par la pro-
priété qu'elles ont de ne pas laisser des taches sur
le papier. Ces huiles ont une saveur âcre et brû-
lante ; elles sont incolores ou colorées diversement,
comme on le verra dans le tableau ci-joint ; elles
sont plus légères que l'eau, à l'exception de celles
de cannelle, de girofle, de sassafras et de moutarde ;
elles sont congelables à diverses températures ;
quelques unes acquièrent de la viscosité à la tem-
pérature ordinaire et deviennent même solides,
comme celles d'anis, de fenouil, etc. Brugnatelli
annonça, il y a environ dix-huit ans, que les huiles
volatiles, en s'épaississant par le contact de l'air,
se convertissaient en une résine et en acide acé-
tique, et que quelques unes donnaient lieu à la for-
mation d'un acide susceptible de cristalliser, le-
quel se rapproche de l'acide benzoïque, avec cette
différence, cependant, que cet acide est attaqué à
chaud par l'acide nitrique. Tout récemment M. Bi-
zio, ayant exposé les huiles essentielles à des tem-

pératures plus ou moins basses, est parvenu à les figer et à en séparer deux principes semblables à l'oléine et la stéarine : il leur a donné le nom de *séreusine* et *igrusine*. Voici quelques unes des propriétés de ces deux substances.

La séreusine des huiles d'anis, de fenouil et de roses est solide à + 10R, tandis que celle des huiles de cédrat, de lavande, de mélisse, de menthe, d'orange, de valériane, ne l'est qu'à — 16 ; elle cristallise tantôt en écailles, comme l'acide borique, et plus souvent en aiguilles prismatiques : celle des huiles d'anis, de fenouil et de roses se dissout dans l'alcool, et cette solution se solidifie quand on l'expose à une température de 10 à 12 — o ; par l'évaporation, elle cristallise par le refroidissement ; quand on expose la séreusine à l'air, elle durcit et exige une température plus élevée pour se fondre, etc.

L'igrusine reste fluide aux degrés de froid les plus forts ; elle se dissout dans l'alcool et passe à la distillation avec lui. Pour de plus grands détails, je renvoie à la note que j'ai publiée en juillet 1827, dans le *Journal de Chimie médicale*. Les huiles volatiles brûlent avec une flamme brillante, en répandant beaucoup de fumée. Mises en contact avec l'eau ou le gaz oxigène, elles absorbent ce dernier gaz, acquièrent une consistance solide, et se convertissent en substances résinoïdes. Cette absorption varie suivant les huiles et donne lieu à une production de gaz acide carbonique, suivant M. de Saussure.

Un volume d'huile d'anis concrète a absorbé, dans deux ans, 159 fois son volume de gaz oxigène et produit 56 volumes de gaz acide carbonique.

Un volume d'huile de lavande en a absorbé, en quatre mois d'hiver, 52 volumes, et a produit 2 volumes d'acide carbonique, sans que, dans aucun cas, il y ait eu aucune trace d'eau formée.

TABLEAU DES PRINCIPALES HUILES VOLATILES.

NOMS DES PLANTES.	PARTIES QUI LES FOURNISSENT.	HUILES.	COULEUR.
Arthemisia absinthium	feuilles	d'absinthe	verte.
Adropogon schœnantum	racines	de schœnante	brune.
Apium petroselinom	id.	d'ache	jaune.
Anethum graveolens	semences	d'anet	id.
Inula helenium	racines	d'aunée	blanche.
Acorus calamus	id.	de roseau odorant	jaune.
Myrthus pimenta	fruit	de piment †	id.
Angelica archangelica	racines et semences	d'angélique	id.
Pinpinella anisum	semences	d'anis	blanche.
Illicium anisatum	id.	d'anis étoilé ou badiane	brune.
Arthemisia vulgaris	feuilles	d'armoise	
Citrus aurantium	écorce du fruit	de bergamote	jaune.
Melaleuca leucodendra	feuilles	de cajeput	impure verte et pure jaune.
Eugenia caryophyllata	capsules	de myrthe †	jaune.
Carum carvi	semences	de carvi	id.
Amomum cardamomum	id.	d'amomum	id.
Carlina acaulis	racines		blanche.
Scandix cerefolium	feuilles	de cerfeuil	jaune de soufre.
Matricaria chamomilla	pétales	de camomille	bleue.
Laurus cinnamomum	écorce	de cannelle †	jaune.
Citrus medica	écorce du fruit	de citron	id.
Cochlearia officinalis	feuilles	de cochléaria	id.
Copaifera officinalis	extrait	de copahu	blanche.
Coriandrum sativum	semences	de coriandre	id.
Crocus sativus	pistils	de safran †	jaune.
Piper cubeba	semences	cubèbes	id.
Laurus culilaban	écorce	laurier culilaban	jaune brunâtre.
Cuminum cyminum	semences	de cumin	jaune.
Anethum fœniculum	semences	de fenouil	blanche.
Croton eleutheria	écorce	de cascarille	jaune.
Maranta galanga	racines	de galanga	id.
Hyssopus officinalis	feuilles	d'hyssope	id.
Juniperus communis	semences	de genièvre	verte.
Lavandula spica	fleurs	de lavande	jaune.
Laurus nobilis	baies	de laurier	brunâtre.
Prunus laurocerasus	feuilles	laurier-cerise †	
Livisticum ligustricum	racines	de livèche	jaune.
Myristica moschata	semences; elles donnent aussi une huile douce.	de muscade	id.
Origanum majorana	feuilles	marjolaine	id.
Pistacia lentiscus	résine	de lentisque	id.
Matricaria parthemium	plante	de matricaire	bleue.
Melissa officinalis	feuilles	de mélisse	blanche.
Mentha crispa	id.	de menthe crépue	id.
— piperitis	id.	de menthe poivrée	jaune.
Achillea millefolium	fleurs	de mille-feuilles	bleue et verte.
Citrus aurantium	écorce du fruit	de néroli	orange.
Origanum creticum	fleurs	dictame	brune.
Pinus sylvestris et abies	résine et bois	térébenthine	incolore.
Piper nigrum	semences	poivre noir	jaune.
Rosmarinus officinalis	plante	romarin	incolore.
Mentha pulegium	fleurs	pouliot	jaune.
Genista canariensis	racines	genêt	id.
Rosa centifolia	pétales	rose	incolore.
Ruta graveolens	feuilles	rue	jaune.
Juniperus sabina	id.	sabine	id.
Salvia officinalis	id.	sauge	verte.
Santalum album	bois	santal blanc	jaune.
Laurus sassafras	racines	sassafras †	id.
Satureia hortensis	feuilles	sarriette	id.
Thymus serpillum	fleurs et feuilles	thym	id.
Valeriana officinalis	racines	valériane	verte.
Zæmpferia rotunda	id.	zedoaire	bleue verdâtre.
Synapis alba et nigra	semences; elles donnent aussi une huile douce.	de montarde†	jaune brunâtre.

N. B. Les huiles ainsi marquées † sont plus pesantes que l'eau.

Les huiles volátiles sont plus ou moins solubles
dans l'eau, l'alcool et l'éther. En solution dans
l'eau, elles constituent les eaux aromatiques telles
que celles de rose, de menthe, de mélisse, de
fleurs d'oranger. Avec l'alcool elles forment des com-
posés connus sous le nom d'*eau de Cologne*, *eau de
lavande*, *eau de mélisse*, etc. A l'aide de la chaleur
elles dissolvent le phosphore; il se précipite par le
refroidissement. Suivant Hoffman 10 parties de
camphre peuvent y en rendre soluble une de phos-
phore; à l'aide du calorique ces huiles dissolvent
également un peu de soufre qu'elles retiennent
en partie; cette solution constitue le baume de
soufre anisé, térébenthiné, etc.; le chlore et l'iode
les déshydrogènent en partie et les rendent plus
visqueuses, en s'unissant avec elles. Les alcalis
n'exercent pas sur elles les mêmes effets que sur
les huiles douces. Sur ce point les recherches des
chimistes ne sont pas encore nombreuses; cepen-
dant il paraît que les huiles volatiles n'ont pas,
avec ces bases salifiables, une grande affinité réci-
proque; aussi désigne-t-on les composés, auxquels
leur union donne lieu, par le nom de savonules.
Cette réaction, quoique faible, est longue, difficile
et, comme nous l'avons déjà dit, encore peu étu-
diée. Les savons aromatiques, dits de toilette, ne
sont pas dus à la saponification de ces huiles; elles
n'entrent dans ces compositions que comme par-
fums. Le seul de ces savonules, qui était connu,
c'est celui de Starkey, qui résulte de l'union de la
potasse ou de la soude caustiques avec l'huile de
térébenthine. M. Bonastre vient de se livrer à di-
verses expériences sur l'action des alcalis sur
quelques huiles volatiles, d'après lesquelles il a
reconnu que l'huile essentielle de girofle, de
même que celle du piment de la Jamaïque, pos-
sèdent une propriété que n'ont point beaucoup
d'autres, qui est de se concréter instantanément
par les alcalis et de former des savons ou des savo-

nules. Nous renvoyons à l'article *huile de girofle*
pour connaître ce mode d'action.

Il est plusieurs acides qui exercent une action
remarquable sur les huiles volatiles; toutes sont
susceptibles d'absorber beaucoup de gaz acide hy-
drö-chlorique et d'en neutraliser une partie. Il en
est qui cristallisent par cette absorption. Nous ci-
terons, pour exemple, l'essence de térébenthine qui
donne, avec ce gaz acide, un produit qui a la plus
grande analogie avec le camphre; il en est de même
de l'essence de citron, etc. Les expériences suc-
cessives de Glaubert, Beccher, Borrichius, Boyle,
Tournefort, Hombert, Rouvière, Fréd. Hoffman,
Geoffroy le cadet, Rouelle, etc., ont démontré que
toutes les huiles étaient inflammables lorsqu'on les
mêlait, à froid, au double de leur poids, avec un
mélange d'acide nitrique très concentré et d'acide
sulfurique. Ces proportions varient dans les expé-
riences de ces auteurs; ils augmentent la propor-
tion de l'acide nitrique dans l'acide composé, sui-
vant que l'huile, mise en expérience, est plus
difficile à s'enflammer. Les acides nitreux et ni-
trique, très concentrés, décomposent aussi ces
huiles avec violence; on observe alors un grand
dégagement de calorique, un boursoufflement con-
sidérable, et probablement une production d'eau,
d'oxide, d'azote, ou de l'azote et du gaz acide
carbonique. Lorsqu'on verse ces acides sur ces hui-
les, il arrive souvent qu'elles s'enflamment. Il est
bon de faire observer que cette inflammation est
constante si elles contiennent le tiers de leur poids
d'acide sulfurique.

Voici les proportions qu'indique M. Thenard,
pour faire cette expérience avec succès et sans
danger.

Acide nitrique, chargé d'acide nitreux, 45 grammes.
Acide sulfurique très concentré. . . .15
Huile essentielle de térébenthine.. . 3o

On met l'huile essentielle dans un creuset et l'on y verse les deux acides, au moyen d'un vase de verre attaché à l'extrémité d'une tige. L'action de l'acide sulfurique paraît due à ce qu'il absorbe l'eau de l'acide nitreux qui, dès-lors, se décompose très facilement.

L'acide nitrique, au moment qu'on vient d'y ajouter de l'acide sulfurique, produit également le même effet.

Presque toutes les huiles essentielles se distinguent entre elles par leur poids spécifique, leur saveur et leur odeur particulières ; nous allons exposer le tableau des densités de quelques unes d'elles qu'en a donné le docteur Lewis.

Huile de sassafras.. ..	1094
— cannelle.. .	1035
— girofle . . .	1034
— fenouil . . .	997
— d'anis. . . .	994
— pouliot . . .	978
— cumin.. . .	975
— muscade . .	948
— menthe.. . .	975
— tanaisie. . .	946
— carvi	940
— d'origan . .	940
— lavande. . .	936
— romarin . .	934
— genièvre . .	911
— d'orange . .	888
— térébenthine.	792

En comparant cette densité à celle des huiles fixes, et en faisant abstraction de celles d'orange, de térébenthine et de genièvre, on voit que les volatiles sont plus pesantes que ces dernières. On peut ajouter à ce tableau les huiles volatiles de moutarde et de piment, de myrthe, de safran, de laurier-cerise et de santal blanc, dont le poids spécifique est supérieur à celui de l'eau.

Nous allons maintenant exposer le tableau des principales huiles volatiles, avec leur couleur et les parties du végétal d'où on les extrait. Ce travail est dû à Thomson.

Il est aisé de voir, par ce même tableau, que les huiles volatiles peuvent se trouver dans toutes les parties des végétaux.

De la composition des huiles volatiles.

L'expérience a démontré que les huiles extraites des plantes étaient souvent composées de deux huiles, qui étaient fusibles à des températures inégales; mais il ne paraît pas que ces deux huiles soient identiques dans toutes, ni qu'elles aient autant d'analogie entre elles que l'oléine et la stéarine dans les corps gras. M. Bizio, ainsi que nous l'avons exposé pages 187 et 188, a décrit ces deux principes sous les noms de *séreusine* et d'*igrusine* et fait connaître leurs caractères. MM. de Saussure et Houton-Labillardière sont les seuls chimistes qui aient cherché à déterminer les principes élémentaires des huiles : voici le résultat qu'ils ont obtenu.

HUILES VOLATILES.	CARBONE.	OXIGÈNE.	HYDROGÈNE.	AZOTE.
De citron, rectifiée	86,899	0	12,326	1,775.
De térébenthine, *id*	87,788	0	11,646	1,566.
De lavande, *id*	75,050	13,07	11,07	1,36.
De romarin, *id*	82,021	7,73	9,42	1,64.
D'anis commune	76,487	13,821	9,351	1,34.
Id. concrète	83,468	8,541	7,531	1,46.
De rose commune	82,053	3,949	13,124	1,874.
Id. concrète	86,743	0	14,889	

Si l'on compare ces résultats avec ceux qu'on ob-
tient par l'analyse des huiles fixes, on voit que les
volatiles en diffèrent, 1°. en ce qu'elles contien-
nent beaucoup plus de carbone; 2°. en ce qu'elles
ont toutes de l'azote; 3°. en ce que plusieurs ne
contiennent pas un atome d'oxigène, tandis que
toutes les huiles fixes en ont. Quant aux propor-
tions d'hydrogène, dans les diverses huiles, elles
sont variables; il y en a cependant de volatiles qui
sont plus hydrogénées que les fixes.

Nous allons maintenant nous occuper de la clas-
sification et de l'examen particulier des principales
huiles volatiles.

CLASSIFICATION DES HUILES VOLATILES.

Une classification bien exacte des huiles volati-
les ne pourra être entreprise que lorsqu'on aura
suffisamment étudié leurs propriétés respectives.
Cependant, comme celle de Fourcroy nous parait
pouvoir conduire à ce résultat, nous allons l'ex-
poser. Ce chimiste les a divisées en six genres.

Dans le premier, et sous le nom d'*huiles fugaces*,
il range celles que l'on ne peut obtenir que par
l'intermédiaire d'une huile fixe, comme celles de
lis, de jasmin, de tubéreuse, etc.

Dans la seconde, il comprend les *huiles légères*,
ou celles qu'on extrait par expression.

Dans la troisième sont les *huiles visqueuses*, telles
que celles de cannelle, de cardamome, de girofle,
de poivre, de sassafras, etc.

Dans la quatrième se trouvent les *huiles concrè-
tes*, ou celles qui, extraites par la distillation, se
solidifient par le refroidissement, ou cristallisent
par une évaporation lente.

Dans les premières sont les huiles d'anis, de be-
noîte, de fenouil, de persil, de rose, etc.

Dans les secondes celles de marjolaine, de menthe, de thym, etc.

Dans la cinquième il place les *céracées*, ou celles qu'on obtient à l'état concret. Ce genre ne comprend que l'huile de muscade.

Dans la sixième, enfin, il range les *huiles camphrées*, c'est-à-dire toutes celles desquelles on peut extraire une substance qui a beaucoup d'analogie avec le camphre et que Proust a signalée dans les huiles d'aunée, de matricaire, de marjolaine, de lavande, de romarin, de sauge, etc.

PREMIER GENRE.

Huiles fugaces.

Nous avons déjà dit que, sous cette dénomination, Fourcroy rangeait toutes les huiles qu'on ne pouvait point obtenir ni par la distillation avec l'eau, ni par expression, ni par l'action de l'alcool, mais bien par celle d'une huile douce. Nous allons donner deux exemples de la préparation de ces huiles.

Huile de jasmin.

Placez, dans une cruche de grès, suffisante quantité de fleurs de jasmin, et versez-y de l'huile de ben, en proportion assez grande pour qu'elles en soient recouvertes. Laissez macérer pendant quinze jours, en exposant ce vase, bien couvert toujours, au soleil; passez ensuite et exprimez légèrement; remettez l'huile dans la cruche, avec la même quantité de fleurs, et, quinze jours après, passez de nouveau; enfin, en répétant une troisième fois cette opération, l'on obtient une huile que l'on filtre et qui est très chargée de l'odeur du jasmin.

On obtiendrait les mêmes résultats si, au lieu d'huile de ben, on employait du sain-doux bien pur et non rance.

Huile de lis.

Le procédé de M. Couret fils nous ayant paru supérieur à celui de Baumé, nous allons le rapporter.

Prenez trois parties en poids de bonne huile d'olive, ou mieux d'huile de ben, et une de fleurs de lis, dont on a séparé les étamines; mettez le tout en infusion dans un pot de terre vernissé neuf; au bout de quatre jours (1) exprimez à travers un linge; remettez ensuite l'huile dans le vase avec de nouvelles fleurs, et, deux jours après, soumettez-les à la presse et filtrez l'huile obtenue qui est très odorante. Pour la dépouiller de l'eau de végétation qu'elle contient on l'introduit dans un flacon, que l'on bouche avec un bouchon de liége traversé dans tout le milieu par un tuyau de plume. En renversant ce flacon, l'huile, comme plus légère, gagne la surface et l'eau occupe la partie inférieure; on la soutire en débouchant le petit canal fait avec le tuyau de plume précité.

On peut préparer de cette même manière les huiles de tubéreuse, de jonquille, d'héliotrope, de hyacinthe, de muguet, de narcisse, de réséda, de giroflée, en un mot des liliacées et de toutes les fleurs dont l'odeur est aussi douce que fugace.

On peut préparer aussi ces huiles, comme on le pratiquait jadis, en faisant macérer ces fleurs avec des étoffes de laine imbibées d'huile d'olive ou de ben (2) jusqu'à ce qu'elles commencent à

----

(1) Cette infusion ne doit pas dépasser quatre jours, parce qu'au-delà de ce terme, il s'établirait une fermentation qui non seulement détruirait l'odeur des lis, mais communiquerait à l'huile d'olive ou de ben une odeur désagréable.

(2) On donne la préférence à l'huile de ben, parce

perdre leur tissu et leur couleur ; on en ajoute successivement de nouvelles jusqu'à ce que l'huile, dont la laine est imprégnée, ait acquis une odeur assez forte ; on extrait alors cette huile en soumettant cette laine à la presse.

DEUXIÈME GENRE.

Huiles légères.

Fourcroy comprend sous ce nom les huiles aromatiques qu'on extrait des substances par simple expression. Quoique ce moyen soit applicable à plusieurs corps, dont on peut extraire ainsi des huiles volatiles, ce n'est cependant que pour l'extraction de celles qui existent dans les petites cellules des écorces de citron, de cédrat, de bergamote, d'orange et des fruits de la famille des *hespéridées*.

Huiles de bergamote, citrus limetta bergamotta (Risso) ; — *de cédrat*, citrus medica cedra ; — *de citron*, citrus medica *et* citrus limonum R ; — *d'orange*, citrus orantium ; — *d'orangette*, citrus orantium minimarum ; *et de limette*, citrus limetta ;

Par expression.

Ce procédé, suivi en Italie, en Portugal et en Provence, consiste à râper l'épiderme de l'écorce fraîche du zeste, afin de déchirer ainsi les vésicules huileuses qui la recouvrent ; on ramasse ensuite cette espèce de pulpe et on l'exprime entre des

---

qu'elle est moins sujette à rancir. Au lieu d'étoffe de laine, on peut également se servir de coton ; nous croyons même que son emploi mérite la préférence. On peut aussi favoriser l'action de l'huile sur l'arome des fleurs, en plaçant le vase, qui contient le mélange, dans un bain-marie chauffé à 5o°.

glaces inclinées. Ces huiles déposent, par le repos, un peu de parenchyme qu'elles avaient entraîné; lorsqu'elles sont devenues claires on les conserve dans un flacon bien bouché.

Nous devons à M. Geoffroy un autre procédé pour l'extraction de ces huiles au moyen de l'alcool. Il consiste à laisser macérer, pendant quelques jours, la partie extérieure des écorces dans ce menstrue et à y en ajouter ensuite de nouvelles jusqu'à ce que l'alcool soit très chargé de cette huile. Alors, en ajoutant de l'eau à cette solution, ce liquide s'unit à l'alcool et en sépare l'huile. M. Schweizer conseille d'employer l'éther sulfurique au lieu d'alcool.

Enfin, il est encore un moyen plus avantageux, c'est la séparation de ces huiles en distillant les écorces qui les contiennent. Ce procédé est préférable à celui par expression, attendu que les huiles obtenues par ce dernier mode contiennent toujours du mucilage et de l'huile fixe; aussi sont-elles sujettes à s'altérer plus tôt. Nous allons présenter deux de ces huiles, préparées par expression et par distillation.

Huile de citron.

Cette huile, obtenue par expression, est jaune, très odorante, devient bientôt épaisse, ne se dissout pas en entier dans l'alcool, graisse les étoffes et acquiert à la longue une odeur désagréable.

Obtenue par la distillation, cette huile est plus fluide, d'une odeur, il est vrai, moins suave, mais elle est beaucoup plus soluble dans l'alcool et se conserve plus long-temps.

Ces diverses huiles se préparent en Provence et dans le Portugal; celle d'orangette est connue dans le commerce sous le nom d'huile de *petit grain;* et celle d'orange sous celui d'*essence de Portugal,*

On les falsifie avec l'alcool. Pour reconnaître cette fraude l'on a proposé de les agiter avec un peu d'eau, qui reste laiteuse si l'huile contient de l'esprit de vin, tandis que, dans le cas contraire, elle devient claire. M. Vauquelin pense que cette épreuve n'est satisfaisante que lorsque les huiles ne contiennent qu'une certaine quantité d'alcool; que, lorsqu'elle est moindre, elles produisent avec l'eau le même effet que celles qui sont pures.

Il est bon de faire observer que, lorsqu'on se propose d'extraire l'huile volatile de toute autre substance que des écorces des fruits, il faut les réduire en poudre et les ramollir par la vapeur d'eau avant que de les exprimer. Il est cependant préférable de recourir à la distillation, attendu qu'on peut opérer plus en grand et que l'on obtient des produits plus purs.

TROISIÈME GENRE.

Huiles visqueuses ou épaisses.

Les huiles qui appartiennent à ce genre sont ordinairement colorées en brun; elles sont en général plus pesantes que l'eau.

Huile de cannelle.

On obtient l'huile de cannelle en distillant l'écorce du *cassia lignea* avec suffisante quantité d'eau. Baumé a retiré de douze livres et demi de cette cannelle une eau très odorante, chargée, depuis quelques gouttes jusqu'à un gros, d'une huile essentielle, fluide, de couleur blanche et d'une odeur très agréable (1). Cet habile pharmacien a

---

(1) Cette huile diffère de celle des Hollandais, qui la falsifient avant de la livrer au commerce.

extrait d'un autre *cassia lignea*, dit fin, deux gros et demi d'une huile semblable de douze livres et demie de cette écorce. Il vaut mieux cependant suivre, pour la préparation de cette huile, le procédé que nous allons indiquer. On prend de la cannelle de Ceylan, ou mieux, celle de la Chine, qui est regardée comme étant la plus riche en huile; on la concasse et on la fait macérer pendant un jour dans environ dix fois son poids d'eau; on y ajoute du sel marin et l'on distille rapidement. On cesse l'opération lorsqu'on s'aperçoit que l'eau qui passe n'est plus laiteuse; on sépare l'huile de la première eau, qui, étant plus légère que l'huile, la surnage, et on la redistille jusqu'à quatre fois de suite sur la même cannelle, afin d'en extraire toute l'huile qu'elle contenait. M. Recluz a fait connaître à ce sujet, à M. Chevallier, un fait assez curieux : c'est qu'ayant distillé une livre de cannelle de la Chine, de première qualité, avec 16 livres d'eau, il obtint une eau laiteuse très odorante et un gros d'acide benzoïque, la moitié en cristaux cubiques, et déposés contre les parois du récipient, et l'autre en cristaux aciculaires, qui s'étaient précipités mêlés à l'huile. On connaît deux sortes d'huiles de cannelle : 1°. celle qui provient de la cannelle du Ceylan est la plus rare et la plus estimée; elle coûte, rendue à Paris, depuis 40 jusqu'à 5o francs l'once; 2°. celle de la Chine, dont le prix est de 8 à 10 francs : son odeur est moins agréable.

On exprime une huile du fruit du cannelier; on en obtient aussi en le faisant bouillir : cette huile est blanche et d'une assez grande consistance ; on l'appelle *cire de cannelle*, parce que le roi de *Candea*, en faisait faire des bougies qui ont une odeur fort agréable, mais dont il n'était permis de brûler qu'à la cour de ce prince (*Abrégé des Transactions philosophiques, matière méd. et pharmacie, tom. 1*).

On extrait aussi des feuilles de l'arbre de cannelle une huile d'un goût un peu amer ; mêlée avec un peu de bonne huile de cannelle, on l'appelle *oleum molabathri* ; c'est un aromate qui est regardé comme un bon médicament contre les maux de tête, ceux d'estomac, etc.

Huile de girofle.

Girofle bien aromatique concassé,   5,000
Hydro-chlorate de soude.   500
Eau pure. 10,000

Laissez en macération pendant douze heures et distillez ensuite jusqu'à ce que la liqueur passe claire dans le récipient, dont le col doit être long. La liqueur laiteuse, que l'on a obtenue, abandonne bientôt l'huile qui, se trouvant beaucoup plus pesante que l'eau, va au fond du vase : on la sépare de ce liquide qui, tenant en dissolution un peu d'huile, est avantageusement employé pour de nouvelles distillations sur d'autres girofles.

Cette huile, ainsi obtenue, est d'une couleur jaunâtre, d'une odeur très suave, d'une saveur analogue à celle du girofle, mais beaucoup plus forte ; elle est employée comme odontalgique, comme parfum, etc.

L'hydro-chlorate de soude, que l'on emploie pour la distiller, n'ajoute rien à ses propriétés, il favorise seulement sa volatilisation en rendant l'eau susceptible de ne passer à l'état de vapeur qu'au-dessus de 100 c°. Nous avons recommandé de choisir les girofles bien odorans parce qu'il est des distillateurs qui vendent ceux qui ont été déjà distillés, après les avoir aromatisés avec un peu de cette huile. (1)

---

(1) L'huile de girofle de même que celle de piment de

On prépare de la même manière les huiles de *sassafras*, *laurus sassafras*, et de *bois de Rhodes*, *convolvulus scoparius*.

---

la Jamaïque, jouissent d'une propriété que ne possèdent point la plupart des autres, c'est de se convertir instantanément par l'action des alcalis, et de former du savon ou des savonules. C'est à M. Bonastre que nous devons cette remarque. Voici l'effet de cette réaction telle qu'il l'a observée.

Soude. Si l'on verse sur 24 parties d'huile essentielle de girofle 12 parties de soude caustique, dite *lessive des Savonniens*, à froid, en l'agitant un peu, le mélange se durcit sur-le-champ, et devient opaque.

Ce savonule, lorsqu'il est récent, est sec, quelquefois même pulvérulent ; il est le plus souvent en plaques minces, blanches, nacrées, et comme micacées ; il n'attire point l'humidité de l'air, surtout si l'on a la précaution de le presser entre des feuilles de papier joseph, qui absorbent l'humidité excédante. Il est très soluble dans l'alcool ; si on l'humecte avec un peu de ce véhicule, il prend quelquefois une forme mamelonnée ; si on le soumet à l'action de l'acide nitrique, il contracte de suite une couleur rouge de sang. Ce savonule est à peine odorant, mais il est d'une âcreté insupportable.

Potasse. Le savonule qui est produit par cet alcali et l'huile de gérofle, par le même procédé, est concret et sec dès le principe ; mais dans celui-ci l'union n'est pas si intime : la potasse attirant plus facilement l'humidité de l'air, le savonule se résout bientôt, et l'huile volatile reparaît sous forme de gouttelettes, et est plus brune qu'avant son traitement par l'alcali. Si l'on opère à chaud et qu'on fasse bouillir le mélange pendant une heure environ, le savonule obtenu est tout-à-fait brun. Exposé à l'air, il n'en attire pas moins l'humidité comme celui fait à froid ; l'huile volatile devenue libre, se fait bientôt reconnaître par sa pesanteur et son aspect oléagineux, et la potasse par de petits cristaux de forme circulaire.

Ammoniaque. Avec cet alcali elle prend seulement un aspect grenu, et la couleur se fane aussi davantage. Cette

Le *sassafras* ne donne que fort peu d'huile; Baumé n'en a obtenu, de 60 livres, que 11 onces et demie, et en employant l'eau passée à la distillation, avec cette huile, à de nouvelles distillations, sur d'égales quantités de sassafras, il en a retiré 12 onces et demie, et d'autres fois jusqu'à 13 onces 5 gros. Le *bois de Rhodes* en produit encore moins; il n'en a retiré, de 80 livres, distillé en une seule fois, que 9 gros. Cette huile est légère, un peu jaune et d'une odeur admirable. Ayant choisi du meilleur bois, plus dur et plus résineux, une même quantité produisit 2 onces d'huile; cette huile ne doit pas être confondue avec celles que préparent les Hollandais, et qui sont toutes de mauvaise qualité. On les obtient en faisant infuser du bois de Rhodes râpé dans de l'huile d'olive, ou bien en parfumant cette huile avec un peu d'huile essentielle de Rhodes.

En suivant le procédé que nous avons indiqué pour l'huile de girofle, on prépare

L'*huile d'absinthe*, qui est ordinairement d'un

---

combinaison n'est pas aussi ferme que par la soude ou la potasse. Exposée à l'air libre, le gaz ammoniac se dégage en grande partie, et l'huile volatile reste à nu. Dans ce cas il n'y a point de formation de cristaux.

Le gaz ammoniac. M. Bonastre a mis 8 grammes d'huile essentielle de girofle du commerce dans un cylindre au milieu d'un mélange réfrigérant marquant o ; il y dirigea un courant de gaz ammoniac très sec; après quelques minutes de dégagement, l'huile s'est complétement solidifiée ; elle a pris d'abord l'aspect d'une masse butireuse grenue, dans laquelle on remarquait des cristaux en aiguilles très minces et très déliées; si l'on continue le dégagement, elle devient presque aussi ferme que de la cire. Avec le temps, par une élévation de température, ou par l'exposition à l'air, le gaz se dégage, et l'huile volatile reparaît sous forme oléagineuse.

vert très foncé et moins fluide que les autres huiles essentielles ; cette plante donne de 2 à 2 gros et demi d'huile par 5 livres ;

L'*huile de fleurs de camomille*, qui est bleue, odorante et devient verdâtre au bout de quelques années ; dans les années sèches elle est, suivant Baumé, d'une couleur citrine ; 20 livres de ces fleurs donnent environ 3 gros et demi d'huile ; celle que l'on prépare dans les pharmacies n'est autre chose qu'une infusion, dans l'huile, de ces fleurs réduites en poudre et entretenues à une douce chaleur ;

L'*huile de carvi*; elle est presque incolore ; les semences de ce végétal en donnent environ 6 gros par livre ;

L'*huile de coriandre*; elle est un peu citrine ; 82 livres de ces graines n'ont produit que 10 onces 6 gros ;

L'*huile de piper cubeba* ou *cubèbes*; cette huile a la consistance de celle d'olive ; elle est presque inodore et d'une couleur verdâtre : 4 livres ont produit 5 gros et demi d'huile ;

L'*huile de cumin*, couleur de celle d'amandes douces ; ces semences contiennent beaucoup plus d'huile que les précédentes, puisque 5 livres en ont produit 3 onces ;

Huile volatile de moutarde. Je crois être le premier qui ai préparé en grand et décrit les propriétés diverses de cette huile. Pour l'obtenir, j'ai introduit dans un alambic 2 kilogrammes de moutarde en poudre, que j'ai délayée dans 20 kilogrammes d'eau ; j'ai bien luté l'appareil, et j'y ai adapté un large ballon. Dès que le calorique a commencé d'agir, il s'est dégagé un gaz d'une odeur extrêmement vive et aussi pénétrante que celle du gaz ammoniac. La première portion d'eau charriait une huile citrine qui se déposait au fond du vase. Je mis à part les deux premiers litres de cette eau

et je continuai la distillation pour en retirer six
autres. Cette dernière était un peu trouble et te-
nait en suspension quelques gouttes de cette huile ;
son odeur était vive et pénétrante, mais beaucoup
moins que la première : celle-ci était trouble et
laissait entrevoir quelques petites gouttes de cette
même huile qui y étaient disséminées. Le fond du
flacon était tapissé d'une infinité d'autres gouttes,
plus grosses que les précédentes, et ne se réunis-
sant que difficilement. Après l'avoir laissé reposer
pendant un jour, j'en séparai 22 grammes : cette
même eau ayant été redistillée, sur une égale quan-
tité de moutarde, le produit fut de 30 grammes.

Cette huile volatile, ainsi obtenue, est d'une cou-
leur citrine, d'une odeur aussi vive et aussi péné-
trante que celle de l'ammoniaque; une seule goutte
appliquée sur la langue y produit le sentiment
d'une brûlure, et d'une irritation si forte, qu'elle
se propage et s'étend dans la gorge, l'œsophage,
l'estomac, le nez et les yeux, par une impression
de chaleur et d'âcreté insupportables. Appliquée
sur la peau, elle y occasionne une douleur très
forte et y produit l'effet d'un caustique ; elle est
beaucoup plus pesante que l'eau ; son poids spé-
cifique est à celui de ce liquide, 10,387 : 10,000.
Je ne connais aucune autre huile volatile, extraite
d'une plante indigène, qui soit douée d'une telle
pesanteur : elle se volatilise au 50ᵉ degré; pétrie
avec l'alumine et distillée, elle donne un peu
d'eau, d'huile brunâtre, du gaz acide carbonique,
du gaz hydrogène charboné, sans aucune trace
d'ammoniaque.

L'huile volatile de moutarde est soluble dans
l'eau et dans l'alcool, et leur communique son
goût et sa causticité; elle est très combustible et
brûle en répandant beaucoup de flamme ; elle dis-
sout le soufre et le phosphore ; enfin, les acides
agissent sur elle comme sur les autres huiles. L'on

18

voit, d'après cet exposé, que les caractères de cette huile volatile sont assez tranchans pour ne pas être confondue avec aucune autre.

L'eau qui en est saturée est très-âcre et très caustique; une compresse bien imbibée de ce liquide, appliquée sur la peau, y occasionne, au bout de quelques minutes, un sentiment de douleur qui devient très intense; si on renouvelle cette application, on éprouve, sur la partie, une chaleur très vive, la douleur devient presque insupportable, et, lorsqu'on enlève cette compresse, l'on s'aperçoit qu'elle a produit l'effet d'un véritable synapisme.

QUATRIÈME GENRE.

Huiles volatiles qui prennent une forme cristalline ou concrète par le refroidissement ou une évaporation lente.

Les principales huiles de ce genre sont celles d'anis, de benoîte, de fenouil, de ravine sara, de persil, de roses, de menthe, d'aunée, de marjolaine, de thym, etc.; mais les dernières appartiennent plus spécialement à la classe des camphrées, à cause de la matière camphrée qu'elles déposent. Nous allons jeter un coup d'œil rapide sur ces diverses huiles.

Huile d'aunée.

On obtient cette huile par la distillation, par l'intermède de l'eau, de la racine de l'*enula campana* ou aunée, *enula helenium*, Lin. Cette plante croît dans les lieux ombrageux, et est cultivée dans les jardins; ses feuilles sont très grandes et d'un vert pâle, la racine est charnue, grosse, longue, blanche au-dedans, roussâtre au-dehors, d'une odeur forte, d'un goût aromatique âcre et

amer; 12 livres de cette racine fraîche ont donné
à Baumé un demi-gros d'une huile concrète ana-
logue au camphre.

Huile d'anis.

On l'extrait des semences du *pimpinèlla anisum*,
pent. dyg. L. Cette plante est originaire d'Eu-
rope; ses fruits sont ovés, verdâtres, recourbés,
striés, très aromatiques, d'un goût piquant,
agréable et sucré; ils renferment une petite amande
qui contient une huile fine, tandis que son enve-
loppe donne, par la distillation avec l'eau, une huile
volatile qui cristallise par le plus petit froid; cette
huile est d'une couleur gris sale; elle est soluble
dans l'eau et dans l'alcool, elle a l'odeur et la
saveur de l'anis.

L'huile qu'on obtient en pilant l'anis et le sou-
mettant à la presse, est un mélange d'huile douce
et d'huile volatile.

Huile d'anis étoilé ou badiane.

C'est le fruit de l'*illicium unisatum*, polyandrie
polyg. L. Bel arbre, qu'on trouve dans la Chine et
dans la Tartarie; le fruit est semblable à une étoile;
il est formé par la réunion de six à douze capsules
épaisses, dures, ligneuses, contenant chacune une
semence ovale, rougeâtre, lisse et fragile, qui
contient elle-même une amande blanchâtre et hui-
leuse; le fruit donne, par la distillation avec l'eau,
une huile qui a une odeur et une saveur analogues
à celles de l'anis, mais plus suave et plus douce.

Huile de fenouil.

L'*anethum fœniculum* de Linné, fenouil, offre
trois variétés, qui sont :
Le *fœniculum vulgare germanicum*, de Tournefort.

Le *fœniculum vulgare acriori et nigriori semine*.

Le *fœniculum dulce*, de Tournefort.

C'est celui qui est cultivé dans le Languedoc qui donne des semences plus grosses, plus blanches, et d'une saveur plus agréable que les deux autres. Comme on le faisait venir autrefois d'Italie, on le connaît encore sous le nom de *fenouil de Florence*.

Les graines de fenouil se composent de deux semences, soudées et fortement sillonnées, lesquelles sont surmontées par deux petits filets courts, qui ont appartenu aux styles; leur saveur est agréable, elle se rapproche de celle de l'anis; les meilleures sont celles qui sont les plus grosses, d'un vert pâle et non jaunâtre ni brunâtre, car alors elles sont vieilles et par conséquent altérées.

On extrait du fenouil, par la distillation de ses semences, au moyen de l'eau, une huile qui cristallise comme celle d'anis; mais cette cristallisation ne commence qu'à un degré de froid de 5 — o.

Baumé a retiré, en mars 1760, de six livres de fenouil, deux onces d'huile; en juillet 1766, 75 livres lui en ont produit trente onces.

Huile de persil.

Le persil, *apium petroselinum*, Lin., est une plante potagère qui peut s'élever, par la culture dans les jardins, jusqu'à trois ou quatre pieds; il a une odeur très forte; ses fleurs sont blanchâtres, en ombelles; la racine est simple, de la grosseur du doigt, aromatique et blanche; c'est une des cinq racines apéritives. Baumé a obtenu, par la distillation de soixante livres de persil, presque en fleurs, quatre gros d'une huile verte, ayant une consistance butyreuse.

Huile de roses.

C'est en Turquie et en Perse qu'on prépare l'huile de roses, avec la rose pâle, qui doit, dans ces contrées, être beaucoup plus odorante que dans les nôtres, et la rose muscate, qui a une odeur bien plus forte et de laquelle participe davantage l'huile de roses du commerce.

On obtient cette huile en redistillant plusieurs fois la même eau sur des pétales de roses ; l'huile, ainsi obtenue, offre une masse cristalline, formée d'un grand nombre de lames aiguillées, brillantes, qui, par le seul effet de la chaleur de la main, se fondent dans la partie liquide où elles sont comme suspendues ; dans cet état, elle est transparente et a une teinte d'un blanc verdâtre. Quand elle est pure, son odeur est très forte ; lorsqu'elle est affaiblie par d'autres huiles, elle est très suave. Cette huile est soluble dans l'eau ; elle lui communique son odeur et constitue ainsi l'*eau de roses, triple, double,* ou *simple,* suivant la quantité d'huile dont l'eau est chargée. Elle se dissout en entier dans l'alcool bouillant ; à froid, ce menstrue la sépare en deux parties : l'une, qui est liquide et soluble, dans l'esprit de vin, et l'autre qui ne s'y dissout point et qui offre des lames brillantes. Ces deux huiles sont odorantes, d'après M. Guibourt. Depuis quelques années le prix de cette huile, qui était exorbitant, a beaucoup diminué.

Huile de menthe.

On connaît plusieurs espèces de menthes ; Linné a publié une monographie de cette plante ; *vid. amœn. academ.* Les principales espèces sont :

L'aquatique, *menthâ aquatica,* Lin.

Le baume des jardins, *mentha gentilis,* L.

La crépue, *menthâ crispa,* L.

La poivrée, *mentha piperita*, L.
Le pouliot, *mentha pulegium*, L.
La sauvage, *mentha sylvestris*, L.
Le menthastre, *mentha rotundifolia*, L.
La verte, *mentha viridis*, L.

La famille des menthes est douée d'une odeur plus ou moins forte et agréable, qu'elle doit à une huile essentielle qu'on en extrait par la distillation. Celles dont on la retire principalement sont : la menthe crépue et la poivrée. La première a les fleurs verticillées, les étamines plus longues que la corolle, les feuilles ovales, pointues, dentées en scie ; tandis que la poivrée a les fleurs capitales, les étamines plus courtes que la corolle, les feuilles très vertes, ovales, pétiolées et dentées en scie.

On prépare ces deux huiles en distillant ces plantes au moyen de l'eau, et redistillant l'eau qui a passé à la distillation sur de nouvelles plantes, en suivant la méthode que nous indiquerons pour la distillation de celles du sixième genre. Nous nous bornerons à faire observer ici que, pour obtenir une plus grande quantité d'huile, on doit prendre la menthe au moment de sa floraison, la choisir bien vigoureuse et cultivée dans un sol bien exposé au midi ; on doit, avant de la distiller, la dépouiller des tiges et la laisser en infusion dans l'eau pendant un jour. L'huile de menthe a une couleur verdâtre ; elle a une odeur et une saveur très fortes de menthe ; elle est soluble dans l'alcool et dans l'eau. La première solution constitue l'esprit de menthe, et la seconde l'eau de menthe, dont on fait un si grand usage en médecine comme cordial, vermifuge, etc.

L'huile de menthe poivrée est d'une couleur jaunâtre ; elle a une odeur et une saveur de menthe poivrée excessivement fortes ; elle irrite les yeux et se dissout dans l'alcool et dans l'eau ; elle constitue alors l'esprit et l'eau de menthe poivrée.

Outre son emploi en médecine comme cordial et
vermifuge, elle sert à faire les pastilles de menthe.
On la prépare de la manière suivante :

On prend la menthe poivrée en fleurs, séparée
de sa tige, et on la distille avec deux fois et demi
son poids d'eau ; on pousse vivement à l'ébullition,
et, lorsqu'on a obtenu une quantité d'eau égale à
celle de la menthe, on extrait cette plante de la
cucurbité ; on y en met une égale quantité de nou-
velle et on y verse l'eau de menthe qui a passé à la
distillation. On continue ainsi, tant qu'il y a de la
menthe à distiller, l'on reçoit le produit dans un
récipient florentin, tel que nous l'indiquerons bien-
tôt, et l'on sépare l'huile de l'eau.

Huile de ravine sara.

On extrait cette huile par la distillation de l'é-
corce du bois de *ravine sara* concassé ; elle est d'une
couleur citrine ; une grande partie se précipite au
fond de l'eau et l'autre surnage ; elle cristallise à
16°—0 ; par la distillation avec l'eau elle donne
une huile plus volatile. Quinze livres de cette
écorce ont donné à Baumé deux onces d'huile.

CINQUIÈME GENRE.

Huiles volatiles céracées.

M. de Fourcroy range dans cette classe celles que
la nature présente et que l'art extrait par la pres-
sion et leur ramollissement préliminaire, à l'aide
du feu, dans l'état concret, unies à des matières
huileuses, butyracées ou cireuses. Quoiqu'il existe
probablement plusieurs huiles de ce genre, on ne
connaît cependant encore que celles de muscade et
de laurier.

Huile de muscade.

On extrait cette huile des noix muscades, qui sont le fruit du *myristica moschata*, Lin., *myristica aromatica*, Lam. Le muscadier est un arbre assez beau, dès îles-Moluques, qui fut apporté en 1770 dans les îles de Bourbon et de France. On connaît dans le commerce deux espèces de muscades, dit M. Guibourt, qui sont également distinguées aux îles Moluques, où l'on en compte, en outre, plusieurs variétés de chacune. (1)

La première est la *muscade mâle* ou *muscade sauvage*. On lui donne le premier nom parce qu'elle est plus grosse que l'autre, et le second parce qu'elle croît loin des lieux où l'on cultive la meilleure. Elle est d'une forme elliptique, d'une longueur d'un pouce et demi à deux pouces ; plus légère et moins aromatique, et facilement attaquée par les vers. Elle est produite par le *myristica tomentosa* de Thunberg.

La deuxième est la *muscade femelle* ou muscade cultivée, qui est produite par le *myristica moschata*. Elle est comme une petite noix ; ridée et sillonnée en tous sens ; d'un gris cendré dans les sillons, qui prend une teinte rougeâtre sur les parties saillantes ; son aspect est donc d'un gris veiné de rouge ; elle est dure et cédant difficilement au couteau ; d'une odeur aromatique très agréable et forte ; d'une saveur huileuse, âcre et chaude. On doit la choisir bien pesante et non piquée des vers.

Cette huile se trouve dans le commerce en pains carrés, longs, solides, d'une odeur de muscade bien caractérisée, et d'une couleur jaune marbré.

Pour préparer cette huile on pile les noix muscades dans un mortier de fer, chauffé, jusqu'à ce

_____

(1) *Histoire abrégée des drogues simples.*

qu'elles soient réduites en une pâte qu'on place
dans une toile de coutil, entre deux plaques de fer
chaudes, qu'on soumet à l'action d'une bonne
presse ; l'huile qui en découle se fige par le refroi-
dissement. Cette huile est un composé d'une
huile douce et d'une huile volatile qui est fluide et
qui se volatilise par la distillation avec l'eau ; elle
est très aromatique. L'autre huile est épaisse et
conserve un peu d'odeur, qu'elle doit sans doute
à un peu d'huile volatile qu'elle retient. L'huile de
laquelle on a séparé une partie de celle qui est
fluide, est amenée à la consistance ordinaire en
la fondant avec le sain-doux : cette fraude est facile
à reconnaître, attendu qu'elle est moins odorante.

Huile de laurier.

Le laurier paraît être originaire de l'Europe
méridionale ; il est trop connu pour avoir besoin
d'être décrit. Ses fruits sont connus sous le nom
de *baies de laurier* ; ils sont formés par une espèce
de drupe à brou très mince ; ils sont oblongs, gros
comme une petite cerise, d'une couleur verte qui
devient d'un noir bleuâtre quand ils sont à l'état
de maturité : ils contiennent une amande bilobée
d'une couleur fauve, d'une odeur aromatique, et
d'une saveur amère et aromatique.

Pour extraire l'huile de ces baies, on les choisit
dans leur état de maturité parfaite, on les pile
dans un mortier de marbre, et on les fait bouillir
dans un vaisseau clos pendant environ demi-heure,
avec de l'eau ; on passe la liqueur bouillante à tra-
vers un linge avec expression, et par le refroidis-
sement on ramasse à la surface de la liqueur une
huile verte, odorante, de consistance butyreuse :
après avoir pilé le marc et l'avoir fait bouillir une
seconde fois dans de l'eau, on obtient une autre
portion d'huile que l'on réunit à la première.

Cette huile, ainsi obtenue, se compose de deux huiles, l'une fluide, volatile et odorante, qu'on en sépare par la distillation; l'autre est fixe, concrète, et ne doit son odeur faible de laurier qu'à un peu d'huile volatile qu'elle retient.

Il ne faut pas confondre cette huile de laurier avec celle du commerce, qui n'est autre chose que le produit de la macération des baies et des feuilles de laurier, écrasées, dans le sain-doux.

SIXIÈME GENRE.

Huiles volatiles dites camphrées.

M. Fourcroy donne ce nom à ces huiles, parce qu'elles tiennent naturellement du camphre en dissolution : telles sont les huiles de

aunée,	pulsatile,
matricaire,	sauge,
marjolaine,	valériane,
lavande,	zédoaire, etc.
romarin,	

M. Proust passe pour être le premier qui, en 1789, ait fait connaître la présence du camphre dans l'huile volatile de plusieurs labiées (1) qui croissent dans la Murcie. Il en fit la première observation dans l'huile de lavande, dans laquelle il aperçut différentes cristallisations, en arbrisseaux formés d'octaèdres placés les uns sur les autres, etc. La seule exposition et évaporation à l'air, à une température entre 6 et 10° R., suffit pour séparer le camphre de ces huiles. Ce chimiste exposa à

____

(1) *Resultado de las experiencias hechas sobre el alcanfor de Murcia.*

l'air, dans des assiettes de porcelaine et dans un
lieu tranquille, des quantités assez grandes d'huile
de lavande, de marjolaine, de romarin et des
sauge; cette évaporation spontanée lui produisit,

camphre en cristaux de l'huile de romarin, $\frac{1}{16}$
— — de marjolaine, $\frac{1}{10}$
— — de sauge, près de $\frac{1}{7}$
— — de lavande, $\frac{1}{4}$

Dans les années très chaudes, l'eau distillée de
lavande en emporte tant avec elle par la distilla-
tion, qu'elle la dépose par le refroidissement. Un
pharmacien de Madrid a assuré à M. Arezula, qu'en
Murcie, on en obtenait ainsi dans les étés très
chauds en assez grande quantité pour le livrer au
commerce à 3o sous le demi-kilogramme. Une
évaporation graduée fait séparer du camphre de
l'huile de lavande au bout de douze heures.

Celle de sauge ne le laisse pas déposer si vite,
et l'on observe aussi qu'il est bien plus difficile
d'en séparer l'huile épaisse qui en découle ; celle
de marjolaine le dépose un peu plus lentement, et
celui de celle de romarin s'en sépare encore moins
vite.

M. Proust a fait connaître, dans ce même travail,
qu'en distillant de l'huile de lavande dans un bain-
marie large et peu profond, placé à quelque dis-
tance de l'eau, entretenue à quelques degrés au-
dessous de l'ébullition, jusqu'à tirer un tiers de
ces liquides, les deux tiers de celle qui reste dans le
vase déposent, par le refroidissement, du camphre
cristallisé, qu'on fait égoutter et qu'on soumet à la
presse. L'huile résidu, distillée de nouveau, en
donne encore : enfin, une troisième distillation
suffit pour séparer presque complétement le cam-
phre de l'huile. Par ce procédé, on n'en obtient
que o,2o au lieu de o,15 ; d'après ce chimiste,
on ne pourrai en obtenir en grand que $\frac{1}{7}$

au lieu de $\frac{18}{77}$ qu'elle en contient ; 24 parties de ce camphre raffiné ne lui en ont donné que 22 de très blanc et très pur. D'après des calculs simples et précis sur le prix de l'huile de lavande, et du camphre, en Murcie, et sur les frais d'exploitation divers pour l'extraction et le raffinage du camphre, il y aurait un bénéfice de 60 à 63 pour 100.

L'huile de sauge ne donnerait qu'un bénéfice de. . . . . 12 à 13 pour 100.

Celle de marjolaine, de . . 10 à 11
Celle de romarin, de. . . . 4 à 5

Ce camphre jouit des mêmes propriétés que celui qu'on trouve dans le commerce.

Sans vouloir chercher à diminuer en rien le mérite de M. Proust, dans l'intérêt seul de la science, nous sommes forcés de dire que la découverte du camphre dans l'huile de thym, *thymus vulgare*, avait déjà été faite en 1734, par Newman, professeur de chimie à Berlin. Voici en effet ce qu'on lit dans l'*Abrégé des Transactions philosophiques* : « M. Newman ayant trouvé que l'huile de thym distillée produisait une espèce de camphre, je communiquai sa découverte à la Société royale. M. Brown répeta et vérifia les expériences de M. Newman, et soutint que c'était une huile congelée. Ce mémoire, très étendu, tend à confirmer l'opinion de M. Newman, et à réfuter les objections de son adversaire, et n'établit autre chose, sinon que les cristaux durs que l'eau ne peut dissoudre, qui paraissent dans l'huile de thym et quelques autres huiles essentielles, ne sont ni un sel volatil ni une huile congelée, mais un corps singulier formé de ces huiles, et qui ne peut être désigné par un nom plus propre que par celui de camphre ; avant lui, plusieurs fameux chimistes ont employé le même terme en parlant de la même chose. »

Il est aisé de voir, d'après cela, que l'existence

du camphre dans quelques huiles volatiles, et
plus particulièrement dans celle de lavande, est
connu depuis long-temps.

Huile d'aunée.

Cette huile appartient également au quatrième
genre : nous y renvoyons nos lecteurs.

Huile de matricaire.

La matricaire, *matricaria parthenium*, L., appar-
tient à la syngénésie polyg. superflue ; elle s'élève
à deux ou trois pieds ; elle a les tiges grosses,
cannelées et rameuses, les feuilles d'un vert tirant
sur le jaunâtre et un peu velues ; toute la plante
a une odeur forte et désagréable, qui est due à
l'huile volatile qu'elle contient. Cette huile s'ob-
tient par la distillation des feuilles et des fleurs ;
elle a l'odeur de cette plante et une couleur ci-
trine ; 56 livres en fleurs, distillées au mois de sep-
tembre, ont donné à Baumé une once et demie
d'huile.

Huile de marjolaine.

La marjolaine, *origanum majorana*, L., est ori-
ginaire de Barbarie ; elle est cultivée dans nos
jardins et croît naturellement dans quelques par-
ties du midi de la France, non loin des habitations.
Cette plante est vivace ; elle a une odeur forte
et agréable ; ses feuilles sont petites, blanchâ-
tres de forme ovoïde et un peu cotonneuses ; ses
fleurs sont blanches. Elle donne, par la distilla-
tion, une huile dont l'odeur plus forte, il est
vrai, est la même que celle des feuilles et des
fleurs. D'après M. Proust, son huile contient un
dixième de son poids de camphre.
150 livres de cette plante, fraîche et en fleurs,

ont donné à Baumé, en juillet 1760, 15 onces
d'huile.

100 livres de *id.*, en août 1766, ne lui en ont
produit que 4 onces.

156 livres, *id.*, en juin 1769, toujours en fleurs
et récente, n'en ont donné que 3 onces 5 gros.

Il est aisé de voir que les proportions d'huile
volatile sont très variables dans cette plante, qui,
lorsqu'elle est sèche, en produit encore bien
moins.

Huile de lavande.

La grande lavande, ou l'aspic, et la lavande des
jardins ou officinale avaient été confondues par
Linné et désignées par le nom *lavandula spica.*
M. Decandolle a conservé ce nom à la première, et
réservé celui de *lavandula vera* à la seconde, que l'on
cultive dans les jardins et qui ne diffère de l'autre
que par ses feuilles moins blanchâtres et plus
étroites. Le calice offre un duvet blanc et ses brac-
tées sont presque cordiformes. La grande lavande
croît naturellement dans le midi de la France et
particulièrement dans la Provence, le Languedoc
et le Roussillon, où elle est connue sous le nom
d'*aspic.* Elle est formée par une souche ligneuse,
qui se divise en plusieurs rameaux; ses feuilles
sont linéaires, s'élargissent vers le sommet, à bords
roulés en dessous, d'une couleur blanchâtre, d'une
odeur très forte; les tiges florales sont longues,
grêles, dépourvues presque entièrement de feuilles
et terminées par un épi, long, à verticilles inter-
rompus, etc. On retire, par la distillation des
fleurs de cette plante, une huile citrine, plus lé-
gère que l'eau, d'une densité égale à 0,898 à 20 c°,
et par la rectification à 0,877. Cette huile,
provenant de la lavande de Murcie, a donné à
M. Proust jusqu'à 0,25 de camphre; il y a tout
lieu de croire que celle qui croît dans le Roussillon

et l'arrondissement de Narbonne, particulière-
ment dans les Corbières et les montagnes de la
Clape, en donnerait presque autant. Au reste,
nous renvoyons à la page 211 pour ce que nous
avons dit sur les quantités de camphre contenues
dans cette huile, qui jouit d'une propriété remar-
quable ; c'est de dissoudre une grande quantité
d'acide acétique concentré. M. Vauquelin, à qui
l'on doit cette observation, s'est aperçu que cette
propriété dissolvante augmente avec la concentra-
tion de l'acide, et que la portion de l'acide non
dissoute était plus faible que celle qui était unie à
l'huile. Si l'on verse de l'eau dans cette dissolution
elle se trouble, et cette liqueur finit par lui enle-
ver l'acide. M. Thénard pense que des effets analo-
gues auraient lieu probablement avec d'autres es-
sences et d'autres acides.

M. Baumé, qui s'est beaucoup occupé de l'ex-
traction des huiles volatiles des plantes, a obtenu
de quinze livres de lavande, distillées en 1752,
cinq onces et demie d'huile essentielle ; trente-
quatre livres, distillées en 1763, lui en ont pro-
duit sept onces, et quatre-vingts livres, au mois
d'août de la même année, une livre neuf onces. Il
paraît que les queues n'en contiennent presque pas.

Cette huile de lavande ne doit pas être confon-
due avec celle d'aspic, que l'on trouve dans le com-
merce, laquelle n'est ordinairement, dans le midi
même de la France, qu'une infusion de ces fleurs
dans l'eau-de-vie à 22 degrés. Il est facile de s'en
convaincre en y ajoutant de l'eau, qui en trouble
la transparence et s'unit ensuite à l'alcool, tandis
qu'il vient nager des stries d'huile à la surface. Le
cosmétique, connu dans la parfumerie sous le
nom d'*eau de lavande*, est une solution de cette
huile dans l'alcool, avec un peu de storax en lar-
mes, etc. ; quand on veut s'en servir on en verse
quelques gouttes dans l'eau, qui blanchit de suite

et contracte l'odeur et la saveur âcre et piquante
de la lavande ; ce blanchîment est dû à l'huile qu'a-
bandonne l'alcool pour s'unir à l'eau, laquelle,
restant suspendue dans le liquide, en trouble la
transparence.

Huile de romarin.

Le romarin est un petit arbrisseau qui croît na-
turellement dans plusieurs parties du midi de la
France et notamment aux environs de Narbonne,
sur les montagnes de la Clape et des Corbières.
Il est si commun dans ces localités, qu'il sert au
chauffage des fours. Les feuilles du romarin sont
étroites, rudes, vertes à la surface supérieure et
blanchâtres à l'inférieure ; ses fleurs sont blanches
et labiées ; elles ont, ainsi que les feuilles, une
odeur aromatique agréable et forte. On en retire
par la distillation une huile incolore, plus légère
que l'eau, d'une densité égale à 0,9109 ; si on la
distille et qu'on ne prenne que la moitié du pro-
duit, son poids spécifique est alors réduit à 0,8886.
D'après les expériences de M. Proust, cette huile
contient un seizième de son poids de camphre.
Vingt-quatre livres de feuilles de romarin, récen-
tes, distillées au mois d'août 1758, ont donné à
Baumé une once d'huile.

Huile de sauge.

On connaît plus de cinquante espèces de sauges,
et, quoique toutes contiennent de l'huile vola-
latile, ce n'est cependant que de l'*officinale, sal-
via officinalis*, Lin., qu'on l'extrait. Cette espèce
offre trois variétés bien distinctes :

1°. La *grande sauge* ; tiges rameuses, ligneuses,
velues ; feuilles oblongues, épaisses, blanchâtres
et cotonneuses ; odeur et saveur aromatiques as-
sez fortes.

2°. La *petite sauge* ou *sauge de Provence*; feuilles plus petites, moins larges et plus blanches ; elle est plus aromatique et plus estimée que la précédente.

3°. *Sauge de Catalogne*; elle ne diffère de la précédente que par ses feuilles, qui sont plus petites encore ; à cela près elle a les mêmes propriétés.

Ces sauges, distillées avec l'eau, donnent une huile légèrement citrine, d'une odeur forte et agréable, qui contient beaucoup de camphre.

Baumé, qui s'est occupé de l'extraction de cette huile, a obtenu, de quarante-six livres de grande sauge en fleurs, en juillet 1763, deux onces et demie d'huile ; en 1765 il en a recueilli, de 48 livres, trois onces d'huile ; enfin, en juin 1767, 168 livres ne lui en ont produit que deux onces trois gros ; il attribue cette énorme différence à ce que le printemps fut très pluvieux, jusqu'au moment même qu'il fit cette distillation.

Les racines de *valériane* et de *zédoaire* contiennent également une huile qui tient du camphre en dissolution. Nous sommes portés à croire que celles de

Origan, *origanum vulgare*, Lin.
Thym, *thymus vulgaris*, Lin.
Serpolet, *thymus serpillum*, Lin.

en contiennent également ; quant à celle du thym, les expériences de Newman le démontrent.

Distillation des huiles volatiles extraites des plantes.

La distillation des huiles volatiles mérite de fixer maintenant notre attention. L'expérience a démontré que toutes les parties des plantes n'en donnent point également, et qu'elles sont d'autant plus riches en huile volatile que la saison, a été moins pluvieuse, qu'elles croissent dans

des pays plus chauds et qu'elles se rapprochent
le plus de la floraison ; c'est même lorsqu'elles
sont en cet état qu'elles sont le plus riches en
huile volatile. La distillation des feuilles, des
fleurs, des racines ou des semences qui en con-
tiennent, en produisent davantage étant fraîches
que sèches ; il paraît qu'une partie de l'huile vo-
latile se perd par la dessication. Il est aussi digne
de remarque que l'extraction des huiles volatiles de-
vient plus aisée si l'on fait macérer, pendant un jour,
dans l'eau, les feuilles, les semences ou les racines
d'où on veut les extraire, et en faisant servir cette
eau à leur distillation. Lorsqu'on veut opérer sur
des plantes dont les tiges sont inodores ou peu
odorantes, comme celles de menthe, de sauge,
d'oranger, de romarin, d'origan, de serpolet,
de mille-fleurs, etc., on en détache les feuilles
et les sommités, qu'on met en macération pen-
dant un jour dans la cucurbite d'un alambic.

Si ce sont des bois, des écorces, des racines, etc.,
que l'eau pénètre difficilement, on doit les diviser
le plus qu'on peut, au moyen de la râpe, du
pilon, etc., afin de faciliter l'extraction de l'huile.
Enfin, pour certaines fleurs et quelques semen-
ces, comme les fleurs d'oranger, les semences d'a-
nis, d'angélique, etc., nous conseillons de les
placer dans une espèce de panier en osier. Voici
maintenant les règles que nous croyons qu'on doit
suivre pour obtenir les meilleurs résultats ; nous
pensons ne pouvoir mieux faire que d'exposer ici
celles que MM. Chevalier et Idt ont données dans
leur *Manuel du Pharmacien.*

1°. Opérer sur de grandes masses, afin de re-
tirer plus de produit et de l'avoir de meilleure
qualité.

2°. Distiller rapidement.

3°. Diviser les substances, afin de faciliter la
sortie de l'huile qu'elles renferment.

4°. N'employer qu'une quantité d'eau suffisante pour empêcher la plante de brûler.

5°. Pour les substances indigènes, cohober à plusieurs reprises la première eau, distillée sur une quantité nouvelle de substances.

6°. Pour les substances exotiques, dont l'huile est plus pesante que l'eau, saturer celle de la cucurbite de sel marin qui, augmentant sa densité, l'oblige de prendre par son ébullition une plus haute température; l'eau ordinaire bout à 100° et l'eau salée à 104°.

7°. Employer, pour commencer la distillation, de l'eau déjà distillée sur la même substance, et par conséquent saturée de son huile essentielle.

8°. Se servir du récipient florentin, pour les huiles qui surnagent l'eau. (1)

9°. Pour les huiles naturellement fluides, rafraîchir souvent l'eau du serpentin; mais la tenir à 30 ou 40° pour les huiles qui se concrètent facilement, comme celles d'anis, de roses, etc. En général, pour la distillation des huiles volatiles, il est préférable de se servir d'alambics à conduit court et à chapiteau, garni d'un réfrigérant; on peut en graduer la température à volonté, et il est bien plus facile de purger un conduit droit qu'un conduit contourné, de l'huile qui y adhère et qui communique son odeur.

On doit procéder à la distillation des plantes, fleurs, feuilles, racines, bois, écorces ou semences aromatiques, d'après les règles précitées. Il est aisé de voir que l'huile volatile s'élève avec l'eau en vapeur, et passe avec elle à la distillation.

---

(1) Le récipient florentin est un vase en verre à long col, qui est muni à la partie inférieure d'un tube en S, qui s'élève presque au niveau de la partie inférieure, et par lequel s'écoule l'eau distillée, tandis que l'huile reste à la partie supérieure de ce vase.

Si la quantité de ce liquide est trop forte, relati-
vement à celle de ces substances, il en résulte que
l'huile volatile resté en dissolution dans l'eau ; il
en est de même si elles sont peu chargées de prin-
cipe huileux. Dans tous les cas on redistille cons-
tamment cette eau sur de nouvelles substances, et
dès lors, se trouvant déjà saturée d'huile, les nou-
velles portions qu'elle leur enlève viennent nager
à sa surface ou tombent au fond, suivant que la
densité de ces huiles est plus faible ou plus forte
que celle de l'eau. Le liquide, qui passe à la distilla-
tion, a un aspect louche ; il se clarifie en partie, et
une portion de l'huile s'en sépare ; et si elle est plus
légère que l'eau, elle coule par le bec du récipient
florentin : dans le cas contraire, c'est l'eau qui s'é-
coule par cette issue, tandis que l'huile reste au
fond du vase. M. Amblard a présenté à la Société
de pharmacie le plan d'un appareil propre à être
substitué au récipient florentin, ce qui donna
aussitôt l'idée à M. Chevallier d'apporter au réci-
pient florentin ordinaire une modification qui le
rendît propre à recueillir les plus petites portions
d'huiles volatiles plus légères que l'eau ; elle con-
siste en un tube effilé dont la partie inférieure va
plonger au fond de ce récipient. Ce tube doit être
un peu plus haut que le vase, et entrer parfaite-
ment dans l'ouverture supérieure ; l'extrémité in-
férieure doit être tirée à la lampe, de telle sorte
qu'elle soit en rapport avec le filet d'eau qui coule
de l'alambic, et la supérieure doit être renforcée
à la lampe, afin de pouvoir y placer un bouchon
de liége.

Quand on distille, on adapte ce tube au récipient
florentin, et l'eau, qui est condensée par la distilla-
tion, passe dans ce tube. Quand l'opération est
finie, on bouche le tube avec un bouchon de liége,
on le sort du récipient, et en le débouchant on
laisse couler l'eau qui surnage l'huile ; on le bouche

de nouveau pour porter cette huile dans un vase
approprié.

C'est par ces mêmes moyens qu'on extrait l'huile
volatile des semences d'anis, de fenouil, de mou-
tarde, de genièvre, de coriandre, de carmin, de
cubèbes, d'angélique, etc. ; des fleurs et sommités
fleuries de lavande, de romarin, d'oranger, de roses,
de thym, d'origan, etc. ; des feuilles d'absinthe,
d'hyssope, de marjolaine, de matricaire, de men-
the, de myrte, de persil, de rue, de sabine, de sauge,
de tanaisie, etc. ; de la racine d'enula campana,
des bois de sassafras, de l'écorce de cannelle, etc.

Il est bon de faire observer que les plantes ne
donnent pas annuellement les mêmes quantités
d'huile, et que ces quantités sont relatives aux
saisons plus ou moins pluvieuses et plus ou moins
chaudes, au dérangement de ces mêmes saisons, à
la maturité des plantes, à la nature du sol, à son
exposition, etc.

Sophistication des huiles volatiles.

Le peu d'huile volatile qu'on retire de certains
végétaux, et par conséquent leur prix élevé, sont
cause que la cupidité a cherché plusieurs moyens
de les sophistiquer ; ces moyens sont au nombre
de quatre :

    par les huiles fixes,
    par l'alcool,
    par la même huile volatile ancienne et peu
      odorante,
    par l'huile de térébenthine rectifiée.

Voici les moyens propres à s'assurer de ces
fraudes.

1°. On reconnaîtra la présence d'une huile fixe
dans une huile volatile en en enduisant un papier
et le faisant chauffer ; si le papier reste taché, c'est
une preuve qu'il y a de l'huile fixe unie à cette

huile : on peut alors en déterminer la quantité par la distillation ;

2°. Si l'huile est mélangée avec l'alcool, elle est moins odorante, plus fluide; l'eau, avec laquelle on l'agite, devient laiteuse et en dissout une plus grande quantité que lorsqu'elle ne contient pas d'alcool : il est cependant bien difficile d'en séparer ce menstrue quand il y existe en très petite quantité ;

3°. Avec la même huile ancienne et peu odorante, cette sophistication exige, pour être reconnue, un odorat très exercé ;

4°. Avec l'essence de térébenthine rectifiée, il suffit, pour reconnaître ce mélange, de frotter un peu de cette huile entre les mains; l'odeur particulière à cette huile ne tarde pas à se développer.

Nous avons exposé la classification de Fourcroy, sans cependant la considérer comme rigoureuse; car il y a une foule d'huiles qu'il nous serait bien difficile d'y comprendre, et que nous allons exposer sous le titre d'appendice sur les huiles volatiles, en attendant qu'une étude plus particulière de chacune d'elles nous en fasse mieux connaître les propriétés, et nous conduise ainsi à une classification méthodique. Je vais auparavant faire connaître l'huile de térébenthine, qui semble se rapprocher des précédentes par le dépôt cristallin qu'elle forme, et par sa conversion en une espèce de camphre au moyen du gaz acide hydro-chlorique.

Huile ou essence de térébenthine.

La térébenthine est une résine liquide qu'on obtient en faisant des entailles de 8 centimètres de largeur sur 14 millimètres de hauteur, au pin maritime, *pinus maritima*, L., qui croît dans le midi de la France, et surtout dans les Landes de Bordeaux. On fait ces entailles sur des arbres qui

ont de trente à quarante ans ; on les commence
au pied de l'arbre, du mois de février à celui d'oc-
tobre. On en pratique de nouvelles une ou deux
fois tous les huit jours, jusqu'à ce que la dernière
soit à une élévation de 2 mètres et demi à 3 mè-
tres, ce qui exige environ quatre ans. En cet état,
on fait d'autres entailles au côté opposé, et
successivement tout autour de l'arbre, etc. La té-
rébenthine, qui découle de ces incisions, est reçue
dans une cavité que l'on pratique au pied de l'ar-
bre, dans une de ses grosses racines.

Lorsqu'on veut extraire l'huile de térébenthine
de cette résine liquide, on la distille dans un alam-
bic de cuivre, à un feu modéré ; l'huile passe dans
le récipient après avoir traversé le serpentin, et
il reste dans la cucurbite une résine qui porte le
nom de *brai sec* ou *colophane*, que l'on coule dans
un moule, et qui, en se refroidissant, devient
solide, cassante et d'un brun rougeâtre. M. Thé-
nard dit que de 125 kilog. de térébenthine on ne
retire qu'environ 15 kilog. d'essence, ce qui fait
à peu près $\frac{1}{8}$, tandis que Neumann assure en avoir
obtenu 120 grammes de 480 de térébenthine, ce
qui fait le quart ; il paraît qu'il y a une très-grande
différence entre la qualité de cette huile obtenue
par la distillation de la térébenthine avec ou sans
eau.

D'après le docteur Wre, 480 grammes de celle
de Venise, distillée avec de l'eau, produisit 131,6
grammes d'essence, ce qui fait un peu plus du
quart, tandis que la même quantité distillée sans
eau, au bain-marie, n'en produisit que 60 grammes
ou un huitième, ce qui est la quantité exacte an-
noncée par M. Thénard ; il paraît donc qu'en dis-
tillant la térébenthine par l'addition de l'eau, on
obtient un produit double.

L'huile de térébenthine est incolore, transpa-
rente, d'une odeur forte et désagréable ; elle rougit

presque toujours le tournesol. M. Thenard attri-
bue cette propriété à de l'acide succinique qu'il
croit qu'elle contient toujours, d'après MM. Le-
canu et Serbac. En effet, cette huile rectifiée dé-
pose quelquefois des cristaux prismatiques à som-
mets tronqués, dont nous ne croyons pas que la
nature soit encore bien connue. Ces cristaux sont
tantôt incolores et tantôt de couleur un peu brune;
ils sont transparens : nous nous proposons d'en
faire l'objet d'un travail particulier. Le poids spé-
cifique de l'huile de térébenthine est égal à 0,86 à
une température de 225°; elle est insoluble dans
l'eau; elle se dissout dans sept parties d'alcool ;
mais la plus grande partie s'en sépare par le repos.
L'acide sulfurique concentré, uni à l'acide ni-
trique, enflamme cette huile. L'effet que lui fait
éprouver le gaz acide hydrochlorique est bien re-
marquable. En effet, si l'on prend 100 parties
de cette huile bien pure et bien rectifiée, et
qu'on y fasse passer à travers un courant de ce
gaz acide, en ayant soin d'entourer le récipient
où l'on a mis l'huile, d'un mélange de sel et
de glace, l'essence s'unit à environ le tiers de
son poids de cet acide, et se change en une
masse cristalline et molle qu'on met à égoutter
pendant quelques jours, et d'où se sépare une
liqueur incolore, acide, fumante, contenant des
cristaux et faisant les 20 parties de cette masse,
tandis que 110 autres parties se composent d'une
substance blanche, cristalline, grenue, d'une
odeur de camphre et volatile, qu'on purifie en
l'exposant à l'air, l'agitant dans une solution de
sous-carbonate de potasse ou de soude, la lavant
à grande eau et la faisant sécher. C'est cette sub-
stance, découverte par Kind, que les chimistes
nomment *camphre artificiel*, et que M. Thenard
regarde comme une combinaison de l'acide hydro-
chlorique avec cette huile essentielle. Ce camphre

artificiel est plus léger que l'eau, très inflamma-
ble, brûlant sans résidu, et sans action sur la tein-
ture de tournesol. Exposé à l'action du calorique,
une partie se sublime, l'autre se décompose, et il
y a de l'acide hydro-chlorique mis à nu. M. de
Saussure a trouvé que ce camphre différait beau-
coup du composé cristallin, que l'on obtient en
faisant agir l'acide hydro-chlorique sur l'huile vo-
latile de citron.

M. Labillardière, qui a analysé le camphre ar-
tificiel, l'a trouvé composé en poids, de

 charbon. 82,5
 hydrogène. 10,4
 acide hydro-chlorique. . 15,2

on bien en volume,

 vapeur d'essence. 3
 gaz hydro-chlorique. . . 2

Le même chimiste a analysé l'essence de téré-
benthine bien rectifiée; il l'a trouvée formée en
poids, de

 carbone. 87,6
 hydrogène. 12,3

Une autre analyse, citée par M. Thenard, n'y
admet que 11,646 d'hydrogène, et 0566 d'azote.

Les nombreux usages de l'huile ou essence de
térébenthine sont trop connus pour avoir besoin
d'en parler.

Huile de raze.

On extrait cette huile du galipot mou, que l'on
chauffe dans un alambic comme la térébenthine,
lorsqu'on veut en séparer l'huile essentielle; l'huile
de raze se rapproche beaucoup de cette dernière:
elle lui est cependant inférieure en qualité.

20

Appendice sur les huiles volatiles.

Huile de cade.

Dans le midi de la France on extrait *l'huile de cade* d'un genévrier qui ne diffère du genévrier commun que par ses feuilles, qui sont plus courtes que sa baie; c'est le *juniperus oxicedrus* de L., qu'on appelle aussi *cade*. Il exsude de cet arbre une résine qui porte son nom; le bois en est rougeâtre et odorant, il brûle avec une flamme vive et brillante. Dans les montagnes, les paysans s'en servent pour l'éclairage, dans les soirées d'hiver; il en est de même dans quelques parties de l'Espagne. A Barcelone on en allume, dans des espèces de réchauds suspendus en l'air et placés dans les endroits les plus fréquentés, la veille du jour qu'on doit tirer la *rifa* (loterie). On extrait, par la distillation de ce bois, une huile noirâtre, plus ou moins épaisse, qui est d'une odeur insupportable et que l'on donne comme vermifuge aux enfans. On l'emploie aussi en frictions pour le traitement de la gale des bêtes à laine, des chiens et autres quadrupèdes. On a remarqué que cette huile tache la laine d'une telle manière, qu'on éprouve les plus grandes difficultés à enlever ces taches, qui parfois sont indélébiles.

Note sur l'huile essentielle de Caïoupouti, et son procédé distillatoire dans l'île de Bourou, l'une des Moluques, par R. P. Lesson. (1)

L'huile de *caïoupouti* est retirée par la distilla-

---

(1) Nous insérons cette note que nous avions demandée au savant naturaliste qui a fait le voyage autour du monde avec le capitaine Duperrey, telle qu'il a eu la bonté de nous la communiquer.

tion du *melaleuca leucodendra* qui croît dans plu-
sieurs des îles Moluques, mais nulle part en plus
grande abondance qu'à Amboine et à Bourou ; c'est
principalement de cette dernière île que les Malais
et les peuples des îles de l'Est retirent toute l'huile
qu'ils emploient dans leur médecine. Ils regardent
ce que nous nommons en Europe, et par altéra-
tion, huile de *cajeput*, comme une panacée uni-
verselle, et comme le seul et unique remède à em-
ployer pour la plupart de leurs maux.. C'est à peu
près à son usage que se borne toute leur science
médicale ; et telle est la haute opinion qu'ils en
ont conçue, que lorsqu'une maladie n'éprouve
point de soulagement de cet agent thérapeutique,
le plus souvent incendiaire et pernicieux, ils ne
balancent point à abandonner le malade au trépas,
dont rien, suivant eux, ne peut le préserver. Les
Européens établis aux colonies ont adopté, sans
trop d'examen, les propriétés que lui supposent
les Chinois, les Malais et les Javanais ; ils l'em-
ploient avec plus de raison pour les rhumatismes
chroniques. Dans quelques cas, ils ajoutent à des
infusions aromatiques quelques gouttes de cette
huile essentielle, qu'ils administrent alors comme
un stimulant diffusible.

La manière de procéder à la distillation des
feuilles du mélaleuque est fort grossière ; je n'ai
vu que deux appareils destinés à cet effet dans
l'île de Bourou, et ils appartiennent, l'un au rési-
dent hollandais, et l'autre au radjah malais, le seul
qui ait la prérogative de faire fabriquer cette huile
et de la vendre. La récolte des feuilles se faisait
pendant notre séjour sur cette île (du 23 septem-
bre 1823 au 1er octobre suivant) ; des esclaves en
étaient seuls chargés. Ces feuilles fraîches ont
cette odeur vive et fragrante qui caractérise l'huile
de Caïoupouti fraîche ; on se borne, aussitôt

qu'elles sont cueillies, à les placer dans l'intérieur
d'un alambic en cuivre, et de les recouvrir de beau-
coup d'eau. L'huile s'élève dans un petit chapiteau
en boule, et se condense dans un serpentin ren-
fermé dans l'intérieur d'une barrique pleine d'eau.
L'huile sort ainsi sous forme d'un liquide très léger,
coloré en un vert-pré très agréable, ce qui est
dû sans doute à la chlorophile, ou peut-être à un
principe résineux un peu différent; par la rectifi-
cation elle devient incolore.

Le *melaleuca*, d'où l'on retire cette huile, est très
commun sur les collines élevées de la partie orien-
tale de *Cajéli*. Il prend à Bourou un développe-
ment assez considérable, que je ne puis mieux
comparer qu'à celui de très vieux oliviers d'Eu-
rope. Ses fleurs sont disposées en petites têtes glo-
buleuses blanches ; ses feuilles sont beaucoup plus
étroites que celles du *melaleuca*, qui croît en Am-
boine (*Meleucadendra*, var. *latifolia*); son tronc est
recouvert par une écorce épaisse, formée d'un
grand nombre de feuillets soyeux et minces, d'un
aspect satiné. Cet arbre est toutefois l'objet de
peu de soins; ils ne sont ni nombreux ni im-
portans, car on se borne à brûler les mauvaises
herbes ou les broussailles qui croissent au pied ;
il aime les coteaux découverts et très expo-
sés au soleil, ce qui active et concentre l'odeur
camphrée agréable qui lui est propre. Le peu de
soins qu'on apporte à recueillir les feuilles fait
que les rameaux sont presque tous mutilés, ce
qui ne contribue pas peu, avec la teinte de son
feuillage blanchâtre, à lui donner un aspect triste.
On sait que Thumberg a singulièrement préco-
nisé l'huile de cajeput pour la conservation des
collections entomologiques, sans que l'expérience
nous ait beaucoup éclairé sur ce sujet. Sa valeur,
comme objet commercial, est encore assez grande,

car à Bourou même le prix d'une bouteille ne vaut
pas moins de 2 dollars, et à Java il s'élève à plus
de 6 , ou à 30 francs.

M. Lesson, au retour de son voyage autour du
monde, sur la corvette la Coquille, a apporté un
échantillon de cette huile, que M. Virey a présenté
à l'Académie royale de médecine. On transporte
cette huile en Hollande dans des flasques en cuivre;
elle est alors verte, très limpide, plus légère que
l'eau, d'une odeur qui tient le milieu entre celle
du romarin et du camphre; sa saveur est piquante;
elle est incolore quand elle est rectifiée. L'huile
de cajeput brûle sans laisser de résidu; on la fal-
sifie avec d'autres huiles, et on la colore avec de
la résine de mille-feuilles. La couleur verte de
celle qui arrive en Hollande est due au cuivre des
vases dans lesquels on la transporte; elle est em-
ployée en frictions contre les rhumatismes, etc.;
elle sert aussi à préserver les vêtemens de laine
des mites qui les attaquent.

Huile de croton tiglium.

Un des pharmaciens les plus distingués de Paris,
M. Caventou, a fait connaître l'identité des se-
mences du *croton tiglium*, graine de *tilly* ou des *Mo-
luques*, avec celles que nous connaissons sous le
nom de *pignon d'Inde*. Son premier emploi en Eu-
rope, comme médicament, date de 1630 ; son
usage fut abandonné : ce n'est que depuis que le
docteur Conwel, médecin à Madras, a ressuscité
ses propriétés, que presque tous les journaux
scientifiques l'ont présentée comme un des pur-
gatifs les plus énergiques.

On obtient cette huile en réduisant ces semences
entières en pâte, et non les amandes seules, et en
les soumettant à l'action de la presse. Nous devons
à M. John Pope un travail fort intéressant sur la

préparation de cette huile, etc. (1), dont M. Ollivier a publié un extrait dans le *Journal de Chimie médicale.*

Cette huile est âcre et irritante, aussi produit-elle, quand on en fait usage, tantôt un sentiment de chaleur brûlante dans l'arrière-gorge, tantôt des vomissemens ou des nausées; ces effets sont dus en grande partie à la préparation de cette huile par l'expression des semences entières et non des amandes seules. M. Pope s'est en effet convaincu que c'est dans l'enveloppe de l'amande, et surtout dans l'épiderme qui l'entoure, qu'existe le principe âcre, de façon que l'huile obtenue des amandes seules ou exemptes de leur péricarpe, est un excellent purgatif, et n'a nulle âcreté. Il est un autre fait digne de remarque, c'est que l'alcool s'empare de la partie purgative de l'huile ordinaire sans attaquer le principe âcre et irritant qui lui est uni; d'après cette connaissance, M. Pope préfère, à l'huile même, la teinture suivante :

> amandes de croton sans enveloppes, 2 onces.
> alcool à 85 degrés. 12

Après six jours de digestion, filtrez; la dose est d'environ vingt gouttes pour un adulte, celle de l'huile ordinaire est de demi-goutte à une et deux gouttes. M. Beneventi a observé qu'elle agissait plus fortement, à proportion, lorsqu'on l'administrait à très petite dose, comme celle de demi-goutte.

Le professeur Mathœis s'est livré à plusieurs expériences sur les propriétés de l'huile de croton tiglium; il a reconnu qu'à la dose de demi-goutte ou d'une goutte, dans une cuillerée de sirop de guimauve, elle produit quinze et jusqu'à vingt selles; et, ce qui est le plus important, sans le moindre

----

(1) *Med. chir. transact.* London, tom. 13.

danger ni douleur (1) : cette huile peut donc être regardée comme un des plus puissans drastiques que nous possédions.

L'huile de croton tiglium est aussi un bon purgatif pour les chevaux ; il doit être préféré aux préparations d'aloès à cause de la douleur et de l'irritation qu'elles causent souvent.

Huile d'euphorbia lathyris.

L'expérience a démontré que les semences de la nombreuse famille des euphorbiacées et l'écorce de la racine de plusieurs espèces étaient de violens purgatifs. Parmi ces plantes, l'épurge *euphorbia lathyris* a été signalée comme une de celles dont les graines sont drastiques et vomitives, et comme pouvant remplacer l'ipecacuanha. Ses propriétés sont si bien reconnues, que, de temps immémorial, dans le midi de la France et en Catalogne, les paysans les écrasent et les laissent infuser dans l'huile d'olive pour en oindre ensuite les figues mûres, afin de se venger des maraudeurs qui ont contracté l'habitude de les leur voler. L'huile de cette euphorbe, également connue sous le nom de *catapuce, grande ésule*, etc., a fixé l'attention de plusieurs médecins, entre autres de Bailly, Calderini, Franck, Grimaud, etc.; c'est ce qui a engagé M. Chevallier à s'occuper des procédés propres à l'obtenir ; nous allons les faire connaître.

1er. *Par expression.*

Lorsque les semences sont mûres on les monde soigneusement ; on les réduit en pâte dans un mortier, et on les soumet à la presse dans une toile serrée : l'huile qui en découle dépose, au bout de quelques jours, une substance blanche, floconneuse, que l'on sépare par le filtre.

---

(1) *Archives générales de Médecine*, tome 1.

2ᵉ. *Par l'alcool.*

On délaie la pâte de ces semences dans de l'al-
cool, dont on a élévé la température de 50 à 60 de-
grés ; l'on filtre, et, après avoir retiré un peu plus
de la moitié de l'alcool par la distillation, on fait
évaporer le reste afin d'avoir l'huile pure : par ce
moyen la quantité qu'en en obtient est plus grande.

3ᵉ. *Par l'éther.*

On laisse macérer dans un matras, pendant un jour,
quatre onces de pâte de semence de lathyris avec
trois onces d'éther ; au bout de ce temps l'on filtre la
liqueur. On traite le marc par de nouvel éther ; on
filtre ensuite et l'on réunit cette liqueur à la pre-
mière ; on sépare l'éther de l'huile en l'exposant
dans une étuve au contact de l'air, ou mieux, en la
distillant pour en obtenir un peu plus de la moi-
tié de l'éther, et laissant évaporer l'autre en l'ex-
posant dans une capsule à l'air libre, comme nous
l'avons déjà dit.

Le premier procédé, lorsqu'on a beaucoup de
ces semences, est le plus simple et par conséquent
le meilleur ; le dernier est plus coûteux.

Cette huile doit être conservée dans de petits
flacons bien bouchés. Voici les quantités relatives
qui ont été obtenues par les trois procédés. Sur
100 livres de graines,

    1°. Par expression. . . 0,44 liv.
    2°. Par l'alcool. 0,51
    3°. Par l'éther. 0,52

Il est bon de faire observer qu'en opérant par
expression, la presse et la toile s'imbibent de cette
huile, ce qui occasionne une perte de 7 à 8 cen-
tièmes.

L'huile d'*euphorbia lathyris* est un drastique vio-
lent ; à la dose de six à huit gouttes elle est un assez

bon purgatif que l'on peut prendre dans de l'huile d'amandes douces ou du sirop de guimauve, etc.

Les graines des euphorbiacées sont toutes huileuses; et, d'après M. Adrien de Jussieu, l'huile est si abondante dans la *dryandra* et dans le *stillingia sebifera*, qu'on l'extrait pour brûler dans les lampes, et pour d'autres usages.

Le docteur Calderini, de Milan, a tenté un grand nombre d'expériences pour substituer l'huile de l'*euphorbia lathyris* à celle du *croton tiglium*. Après l'avoir administrée sur lui-même et sur un grand nombre d'autres personnes, il en conclut, 1°. que son action purgative est sûre, héroïque et prompte, sans produire ni colique, ni vomissement, ni douleur, ni ténesme; 2°. que cette action purgative n'est pas bien inférieure à celle du *croton tiglium*, et qu'elle mérite de lui être préférée, attendu qu'elle n'est point, comme elle, âcre et irritante; 3°. que la dose pour les adultes peut être déterminée de quatre à huit gouttes. En France, M. le docteur Bailly s'est livré à des recherches semblables à l'hôpital de la Pitié, et ses résultats diffèrent un peu de ceux de M. Calderini. Le médecin français a reconnu, 1°. que l'huile extraite par expression était un peu plus énergique que celle par l'alcool; 2°. que son action purgative est bien inférieure à celle du *croton tiglium*; il en faut doubler la dose et la porter de six à dix gouttes; 3°. il lui a trouvé l'inconvénient de provoquer les vomissemens, qui la font rejeter, sans cependant exciter la salivation, comme celle du croton.

M. Caventou a préparé un savon avec cette huile, qui conserve encore cette propriété vomitive.

Huile de karapat de la Martinique.

M. Virey a présenté sous ce nom, en novembre 1826, à la section de pharmacie de l'Académie royale

de médecine, l'huile du ricin rouge qui est cultivé
dans nos colonies ; retirée par expression, elle est
beaucoup plus âcre, plus purgative et d'une cou-
leur plus foncée que celle que l'on fabrique en
France.

Huile de pommes de terre.

Personne n'ignore que la fécule de la pomme
de terre, *solanum tuberosum*, est employée à la fa-
brication de l'eau-de-vie ; mais cette liqueur alcoo-
lique, de même que celle qu'on obtient par la dis-
tillation du marc de raisin, contient une huile qui
leur donne un goût particulier. M. Gabriel Pelletan
s'est occupé de cette huile et a publié le résultat
de ses expériences dans le *Journal de Chimie médi-
cale.* Cette huile se retire des derniers produits de
la distillation à feu nu de la fécule de pommes de
terre fermentée ; elle est de couleur citrine, et de-
vient blanche lorsqu'elle est dépurée. MM. Ber-
tillon et Guiéland, fabricans d'esprits rectifiés, en
séparent une si grande quantité, qu'ils l'emploient
à l'éclairage.

Pour en séparer l'alcool qu'elle contient, M. Pel-
letan l'a lavée à grande eau ; après l'en avoir sé-
parée et l'avoir agitée avec le chlorure de calcium
en poudre, il l'a distillée.

Cette huile purifiée est blanche, limpide, non
visqueuse, d'une odeur pénétrante, qui affecte le
système nerveux, et qui semble se rapprocher de
l'acide prussique ; elle paraît analogue à celle de
l'eau-de-vie de grains ; sa saveur est chaude, âcre ;
son poids spécifique est égal à 0,821 ; elle ne graisse
point le papier, se volatilise sans laisser de résidu,
sans action sur le tournesol, ne s'épaissit pas sen-
siblement par l'évaporation ; à un froid de — 19 à
20°, se congèle et ressemble à celle d'anis ; à 18°
elle fond et bout à + 125 c°.

L'huile de pommes de terre chauffée brûle avec

une flamme blanche, brillante, sans fumée, mais avec une odeur désagréable; elle se dissout dans l'eau et lui communique son goût; elle s'unit à l'alcool en toutes proportions; elle dissout les graisses, les huiles fixes et volatiles, le camphre, les résines, etc.

Avec la potasse et la soude elle forme un mélange saponacé que l'eau décompose. Nous renvoyons, pour de plus grands détails, au Mémoire de M. G. Pelletan...

Nous ne pousserons pas plus loin l'énumération des huiles volatiles, il nous serait impossible de les réunir toutes et d'offrir leurs caractères spécifiques; elles existent dans la nature sous tant de variétés, que cette étude est encore très bornée: je n'eusse donc pu que donner des notions vagues et sans aucun intérêt; et, dans la carrière des sciences comme dans celle des arts, on ne doit tenir compte que des faits et des observations.

SIXIÈME PARTIE.

APERÇU SUR L'ÉCLAIRAGE PAR LE GAZ HYDROGÈNE BI-CARBONÉ.

Ce n'est que depuis le commencement du dix-neuvième siècle que l'éclairage par le gaz est connu; vainement Atkins a-t-il cherché à en ravir l'honneur à la France en l'attribuant au docteur Clayton; en 1739, à un évêque nommé Watin, et en 1792, à Murdoch. Guidé par cet esprit patriotique, qui cherche à nationaliser toutes les découvertes, les pratiques nouvelles et les perfectionnemens, Atkins établit son opinion,

1°. Sur ce que Clayton, en distillant de la houille, dans une petite cornue, obtint un gaz incondensable, qui s'enflamma par accident, et qu'il enferma dans des vessies pour le brûler devant quelques amis;

2°. Sur ce que Watin s'était convaincu que ce gaz, après avoir traversé l'eau, brûlait avec une flamme aussi belle qu'auparavant;

3°. Sur ce que Murdoch éclaira, dit-il, en 1802, la fabrique de Wat et Boutton, et fit, dix-huit ans après, une expérience publique de cet éclairage au gaz au théâtre du Lycée dans le Strand.

Ce dernier fait tendrait à accorder à Murdoch les honneurs de cette belle découverte, si nous ne savions pas que M. Lebon fit, en 1802, ses essais publics à Paris, et que le brevet d'invention qu'il prit est bien antérieur à ces essais; enfin, que cet ingénieur exporta lui-même ce mode d'éclairage en Angleterre, d'abord mal accueilli en France, et ensuite importé de la Grande-Bretagne. L'An-

gleterre n'a donc d'autre droit sur cette belle con-
quête des arts économiques, que de l'avoir utilisée
dans le moment même que le lieu qui l'avait vue
naître la voyait avec indifférence.

Depuis long-temps, il est vrai, l'on savait que
les huiles, les graisses, la cire, etc., que l'on
chauffe dans un tube au rouge, produisent un
gaz qui brûle avec une belle lumière ; cependant
M. Lebon est le premier qui a tiré parti de cette
connaissance.

Éclairage par le gaz du charbon.

On a d'abord commencé par extraire ce gaz du
charbon. Les procédés qu'on a mis en usage ont
plus ou moins varié, et mon but n'est pas de les
décrire ici ; je vais me borner à donner une idée
de sa préparation dans les fabriques en grand. On
place sur un vaste fourneau cinq cornues ou vases
distillatoires, en fonte et de forme elliptique ; il y en
a cependant qui en ont d'oblongs, et de convexes :
on introduit la houille dans ces vases, et on y fixe
solidement des tuyaux en fonte. On allume le
fourneau, et, dès que les cornues sont rouges, la
houille laisse échapper la matière huileuse et bitu-
mineuse qu'elle contient ; les gaz qui en sont le
produit sont portés par ce tuyau dans un réfrigé-
rant, où le goudron, le liquide ammoniacal, et
tous les produits susceptibles de se condenser, se
liquéfient, tandis que les gaz sont conduits par un
tuyau dans les purificateurs, qui sont entretenus à
une chaleur rouge, et dans lesquels on a introduit
de la limaille ou de la tournure de fer, des sub-
stances argileuses, etc. Le gaz hydrogène sulfuré
s'y décompose en partie ; le gaz va se laver ensuite
dans un grand vase d'eau, où il dépose tout ce
qu'il contient d'ammoniacal, et presque tout l'acide
hydro-sulfurique ; dans cet état, étant censé pur,
quoiqu'il contienne encore de ce dernier acide, il

est porté par un tube dans le gazomètre, d'où il
est distribué par des conduits souterrains dans les
habitations. Ce moyen, qui est le premier dont il
paraît qu'on ait fait usage, est dû à M. Palmer.
Voici la méthode qui a été mise en usage par
M. Haddoclk. Elle consiste à ajouter au charbon,
dont on charge la chaudière, ⅛ de son poids de
chaux fraîche et vive, qui a beaucoup d'affinité
pour le soufre, et à faire traverser le gaz à travers
un cylindre chauffé au rouge, et contenant de la
chaux vive, qui s'empare d'une grande partie de
l'hydrogène sulfuré, tandis que l'eau du réfrigé-
rant, qui est aiguisée par un acide, s'unit à
l'ammoniaque : on achève ensuite la purification
comme ci-dessus.

Le procédé de M. Grafton consiste à verser une
lessive de cendres sur de la chaux vive, jusquà ce
qu'elle se soit délitée ; on y ajoute alors un cin-
quième en poids de potasse, et environ un quart de
poussier de coak, qu'on mélange bien ensemble.
On place ce mélange sur une toile métallique fixée
dans un vase, qu'elle divise en plusieurs sections ;
le gaz pénètre dans ce vase, par la partie infé-
rieure, et se dépouille du gaz hydrogène sulfuré
et de l'acide carbonique, en filtrant à travers ces
diaphragmes chargés de ces matières caustiques :
en sortant il est dans son état de pureté, et se rend
dans le gazomètre.

Il est aisé de voir qu'en préparant le gaz par le
charbon, on obtient trois produits principaux :
1°. le gaz hydrogène bi-carboné ; 2°. du bitume ou
goudron ; 3°. un résidu que l'on nomme coak, et
qui brûle sans répandre aucune mauvaise odeur.

Ce goudron, réduit en pâte, avec de la sciure
de bois, et introduit dans ces cornues, donne plus
de gaz et de meilleure qualité que les charbons
les plus estimés.

Tous les charbons ne produisent ni le même volume de gaz, ni des gaz égaux en pureté. M. Clément, dans son cours de chimie industrielle, a donné quelques aperçus sur l'éclairage par le gaz, qui ont été publiés dans les numéros 10 et 12 du *Producteur*, et desquels M. Dubrunfaut a donné une analyse dans le *Bulletin des Sciences technologiques*, de laquelle nous allons donner un extrait.

Le volume du gaz varie avec la quantité du charbon; les charbons résineux et bitumineux en produisent plus que les autres.

Le *cannel coal* (charbon anglais) en
   donne. . . . . 309 lit. par kil.
Le charbon de Mons. . . de 100 à 110 *id*.
Le charbon de S.-Etienne de 150 à 160 *id*.

Les cornues sont très sujettes à être percées par l'effet d'une haute température; elles s'unissent peu à peu avec le charbon, et donnent lieu à un carbure de fer qui occasionne leur perforation. On n'a encore trouvé aucun moyen propre à obvier à ce grave inconvénient.

100 parties de houille, soumises à la distillation dans ces cornues, produisent

   gaz hydrogène carboné, etc. . . . . 40 parties.
   coak. 60
                                 ——
                                   100

Ce coak est un charbon plus léger, qui brûle sans flamme ni odeur, et qui sert à remplacer la houille avec avantage pour chauffer les cornues; l'excédant est vendu de 60 à 70 fr. la voie ou 15 hectolitres. Le gaz pour l'éclairage, tel qu'il se dégage de la cornue, contient

   du gaz hydrogène sulfuré,
   du carbonate d'ammoniaque,
   du goudron,
   de la vapeur d'eau.

L'hydrogène sulfuré est absorbé par la chaux presque entièrement ; la vapeur d'eau est décomposée en passant dans les tuyaux chauffés au rouge, tandis qu'on recueille le goudron dans le réfrigérant.

M. Berard, habile professeur de chimie à Montpellier, dans une lettre adressée à M. Gay-Lussac, et insérée dans les *Annales de Chimie*, a annoncé,

1°. Qu'un bec de gaz brûle, pendant une heure, 140 litres de gaz, et que sa lumière est représentée par 100 ;

2°. Que cette lumière est encore la même après trois heures de combustion ;

3°. Qu'une sinombre, brûlant 58 grammes d'huile pendant le même temps, ne donne d'abord qu'une lumière égale à 76, laquelle n'est plus que 60 après deux heures ;

4°. Que le bec d'Argand brûle 42 grammes d'huile, et sa lumière, qui est d'abord 62, n'est que 50 après deux heures de combustion.

Il est reconnu que quand un grand bec brûle de 150 à 160 litres de gaz par heure, cette quantité doit être plus forte, suivant la dimension du bec ; ceux, par exemple, des lanternes de jardin du Palais-Royal, doivent en brûler plus de 200.

M. Clément, dans son cours précité, a exposé que la vente du gaz était comptée à raison de six centimes par heure pour chaque bec, en faisant observer que ce prix est encore trop bas, puisqu'un bec à gaz donne deux fois la lumière d'un Argand, et que celui-ci brûle, par heure, pour cinq centimes d'huile. Nous allons maintenant exposer le tableau de l'établissement d'une fabrique de gaz, tel que le présente ce chimiste.

*Compte d'une usine au gaz de houille, formée
pour 3,000 becs, brûlant chacun pendant
quatre heures et demie par jour.*

Capital de l'établissement.

1°. 84 cornues avec tonneaux, ré-
servoirs à goudron, condensa-
teurs, purificateurs, bâtimens et
terrains 550,000
2°. 8 gazomètres avec leurs citernes
et bâtimens. 520,000
3°. Tuyaux et distribution. 1,070,000
                                   ⎯⎯⎯⎯⎯⎯⎯
                                   2,140,000

Dépenses annuelles.

45,000 hectolitres de houille, soit
3,000 voies à 70 f. 210,000
Cornues usées, nettoyages 30,000
Réparations des fourneaux et me-
nus frais. 30,000
Réparations des conduits. 12,000
Ouvriers. 36,000
Frais d'administration. 25,000
Intérêts du capital à 6 pour cent. . 128,400
                  Total. . . 471,400

Produits annuels, 3,000 becs à
98 f. 50 c. 295,000
Coak. — 2,100 voies à 55 f. 105,000
                  Total. . . 400,000
                  ⎯⎯⎯⎯⎯⎯⎯⎯⎯⎯⎯⎯
                  Perte. . . 71,400

On voit par cet exposé, que, d'après M. Clé-
ment, une pareille usine donnerait annuellement

une perte de 71,400. Il y a tout lieu de croire que ses calculs sont erronés. Écoutons à ce sujet M. Dubrunfaut (*Bulletin des Sciences technologiques*).

Ce compte, de M. Clément, peut-il inspirer une entière confiance? La persévérance qu'il met à décrier l'éclairage au gaz du charbon, pour prôner l'éclairage à l'huile, nous paraît inexplicable. Nous ne serions pas étonnés de trouver, l'année prochaine, sur le tableau du Conservatoire, un compte qui présentât l'éclairage au gaz du charbon comme une spéculation très lucrative, car, il y a quatre ans, l'éclairage au gaz de l'huile était, suivant M. Clément, une absurdité. L'année suivante c'était une excellente affaire qui devait constituer les entrepreneurs en gros bénéfices, tandis que le charbon devait les ruiner.

Il est fâcheux que ceux qui sont appelés à reculer les bornes des sciences et des arts se laissent souvent guider par l'esprit de système. M. Berard a examiné le compte présenté par M. Clément, et comme M. Berard, placé près d'une usine royale et d'ailleurs chimiste habile, a pu mieux que personne calculer les produits et les recettes, ainsi que les avantages et les désavantages des divers procédés, ce chimiste n'a pas manqué de publier, dans les *Annales de Physique et de Chimie*, des observations très judicieuses sur les travaux de M. Clément.

M. Dubrunfaut, qui a visité plusieurs fois l'établissement que MM. Manby et compagnie ont créé à la barrière Courcelles, lequel fournit 2,700 becs par jour, et qu'on monte pour 5 à 6,000, donne les renseignemens suivans :

On y trouve 23 cornues de forme plate et dont les ouvertures peuvent se déplacer lorsque le corps de la cornue est hors de service.

1°. Chaque chargé dure trois heures.

2°. Les fourneaux sont alimentés avec du coak.

3°. On y vend la lumière 6 centimes par bec, par heure.

4°. On calcule la consommation de $3\frac{1}{2}$ à $3\frac{1}{4}$ pieds cubes de gaz.

5°. Le charbon de Mons est l'un de ceux qui donnent le plus de gaz.

Dans cette usine, on procède à la purification du gaz en plaçant, dans des vases cylindriques, des claies que l'on recouvre d'épaisses couches de chaux hydratée, et en pâte consistante ; le gaz, filtrant à travers, se dépouille de son hydrogène sulfuré et de l'acide carbonique qu'il peut contenir.

Les bassins, ou cuves des gazomètres, sont en fonte et élevés au-dessus du sol ; ils sont au nombre de deux.

Les cloches sont en tôle ; leur levée est d'environ 20 pieds ; et leur diamètre de 42 à 43. Leur contenance est d'environ 22,000 pieds cubes chacun.

Nous avons déjà dit que tous les charbons ne donnent pas une égale quantité de gaz ; nous ajoutons que le même gaz n'est pas d'une égale densité, puisque, suivant Christison et Turner, elle varie en Angleterre de 450 à 700. Aussi reconnaît-on, dans la Grande-Bretagne, plusieurs classes de charbon.

La 1re comprend tous ceux qui sont principalement composés de bitume ; à leur tête est le *cannel-coal*, qui comprend aussi ceux du Lanca'shire et du nord de l'Angleterre. Ils donnent un gaz très dense et en plus grande quantité et laissent pour résidu moins de coak que les autres et le gaz plus difficile à purifier.

La 2e classe renferme tous ceux qui contiennent moins de bitume et plus de carbone. Ils exigent une plus haute température pour leur décomposition; le gaz est moins dense et en moindre quantité, mais en revanche il est meilleur et plus facile à purifier.

La 2ᵉ classe présente ceux qui ont peu de bitume et beaucoup de substances charbonneuses mélangées avec des terres. Ils sont peu propres à la fabrication du gaz, attendu que celui qu'ils donnent est un mélange d'oxide de carbone, d'hydrogène carboné et de beaucoup d'hydrogène sulfuré. Ils exigent une très haute température pour leur décomposition ou ignition.

Colin Makensie (1) a donné un tableau très étendu des quantités de gaz que les charbons anglais donnent par chaldron; nous allons les présenter ici, parce qu'elles nous ont paru propres à intéresser ceux qui se livrent à ce genre de fabrication en France.

Quantité de gaz fourni par un chaldron des diverses variétés des charbons anglais.

Iʳᵉ CLASSE.

	pieds cubes de gaz.
Cannel-coal d'Écosse	19,890
Charbon (Lanca'shire Wigan coal). . . .	19,608
Cannel-coal d'York'shire (Wakefield) . .	18,860

Charbon de Straffordshire.

1ʳᵉ Variété	9,748
2ᵉ —	10,223
3ᵉ —	10,866
4ᵉ —	9,796

(1) *One thousand experiments in chemistry.*

Charbon de Glocestershire.

1re Variété (High Delph)	16,584
2e — (Low Delph)	12,852
3e — (Middle Delph)	12,096

Charbon de Newcastle.

1re Variété (Hartley)	16,120
2e — (Cooper'shigh main)	15,876
3e — (Lanfield moor)	16,920
4e — (Pontops)	15,112

2e CLASSE.

Charbon de Newcastle.

1re Variété (Russell's Wallsend)	16,876
2e — (Berwick and Crastor's Wallsend)	16,897
3e — (Heaton main)	15,876
4e — (Killingworth main)	15,312
5e — (Benton main)	14,812
6e — (Brown's Wallsend)	13,600
7e — (Manor main)	12,548
8e — (Bleyth)	12,996
9e — (Bardon main)	13,608
10e — (Wear's Wallsend)	14,112
11e — (Eden main)	9,600
12e — (Primrose main)	8,348

3e CLASSE.

Coal du pays de Galles.

1re Variété	2,116
2e —	1,656
3e —	1,416
4e —	1,272
5e —	1,292
6e —	1,486

On voit, par cet exposé, l'énorme différence qui existe entre les diverses variétés de charbon , et que le *minimum* de production du gaz de ces trente-six variétés, est de 8,348, et le *maximum* de 2,116, c'est-à-dire près de deux fois autant. Il serait à désirer qu'on entreprît un pareil travail sur les diverses houilles de France , et surtout sur les qualités de gaz qu'elles produisent, car il en est plusieurs qui sont très sulfureuses, et certaines qui sont chargées de sulfure de fer (pyrite martiale). Il est évident que le gaz, produit par ces espèces, doit être beaucoup plus chargé de gaz hydrogène sulfuré.

M. Hobbin a fait connaître, en 1826, un nouvel appareil pour préparer et purifier le gaz (1), lequel se compose d'une cornue en trois pièces ; celle du milieu est la seule exposée à l'action du feu, et par conséquent celle qui en souffre le plus, et qu'il suffit de renouveler ; les deux autres y sont fixées par de fortes vis. L'une de ces deux dernières reçoit la houille que l'on pousse dans la partie du milieu par un diaphragme mobile, auquel se trouve adapté une tige métallique. Entre la pièce du milieu et la première pièce, se trouve une autre cloison également mobile, qui sert à pousser le coak dans une espèce d'entonnoir qu'elle forme, lequel est terminé par un large cylindre qu'on ouvre et qu'on ferme quand on le désire : c'est de là qu'on retire le coake pour le mettre en magasin après qu'il est refroidi.

Le gaz, qui est produit pendant l'ignition du charbon, se rend par un tube dans un cylindre très profond , qui se trouve traversé, suivant son axe, par un tube qui s'élève de sa base à son extrémité supérieure. Ce cylindre offre plusieurs cloisons circulaires, concentriques , qui y forment

---

(1) *Repertory of patent invent.*

plusieurs chambres qui sont recouvertes par d'au-
tres cylindres renversés, découpés à leur partie
inférieure pour laisser passer le gaz, qui, conduit
par le tube du milieu, pénètre dans le vase ren-
versé qui le recouvre, et, si la pression est assez
forte, circule dans le second vase, et successive-
ment dans les autres. Le gaz, après avoir passé à
travers ces vases, qui sont remplis d'eau de chaux
et de tout autre mélange purifiant, se rend, par
un tube conducteur, dans le gazomètre.

M. Hobbin a proposé un autre appareil qui est
celui de Woulf en grand ; ce sont plusieurs cylin-
dres qui communiquent les uns avec les autres au
moyen de tubes, par lesquels le gaz y est conduit,
et y traverse l'eau chargée de chaux, etc.

Le procédé de M. Hobbin offre plusieurs avan-
tages ; le premier est celui de conserver très long-
temps, sans altération, une grande partie de la
cornue ; le second, d'économiser le temps et le
combustible, attendu qu'il n'est nullement besoin
d'attendre que l'appareil soit refroidi pour en ex-
traire le coak et le recharger.

Eclairage par le gaz à l'huile.

Dès que l'on eut reconnu que c'était l'huile bi-
tumineuse, que contenait la houille, qui produisait
le gaz hydrogène carboné, on ne tarda pas à re-
chercher s'il serait plus avantageux de l'extraire
des huiles. Un grand nombre d'essais furent faits
en France et en Angleterre, et l'on ne tarda pas à
se convaincre de ses avantages, ainsi que nous le
ferons connaître bientôt.

Pour préparer le gaz à l'huile, on remplit un
tonneau de ce combustible, d'où on le fait couler
dans des cornues chauffées à un rouge modéré ; cet
écoulement est en raison directe de la quantité dé
gaz qu'on veut fabriquer : c'est à l'ouvrier à bien

connaître cette proportion. En tombant dans ces cornues, l'huile est en partie volatilisée, dans un grand état d'altération, et en très grande partie décomposée et convertie en gaz qui se rend dans un vaisseau de lavage, où il se refroidit et dépose la majeure partie de l'huile qu'il avait entraînée; de ce réfrigérant il passe dans le gazomètre; la portion d'huile qui échappe à la décomposition est ramenée dans la cornue.

MM. John et Philippe Taylor ont reconnu que leurs cornues perdaient peu à peu de leur pouvoir de décomposer l'huile et de produire du gaz, quoiqu'elles n'eussent subi aucun changement apparent et qu'on les eût soigneusement nettoyées, ce qui prouve qu'à cette température élevée le fer doit être altéré par l'huile. Ces habiles manufacturiers découvrirent bientôt qu'en plaçant des fragmens de brique dans les cornues, le pouvoir décomposant de ces mêmes cornues était fort augmenté. Dans l'appareil qu'ils ont perfectionné, l'huile volatilisée se rend dans un réservoir, d'où elle circule de nouveau dans la cornue; ainsi rien n'est perdu.

Examen comparatif de l'éclairage par le gaz du charbon et par celui de l'huile.

Il est bien évident que puisque l'huile ne contient point de soufre, le gaz qu'elle produit doit être exempt de gaz hydrogène sulfuré, et être, par conséquent, et plus pur et point odorant. C'est effectivement ce qui a lieu; aussi est-il bien reconnu que le gaz de l'huile, non seulement n'attaque pas les tuyaux de conduite, mais ne répand presque point de mauvaise odeur dans les appartemens, et n'altère, ni les meubles, ni les dorures, ni les peintures, etc., tandis que celui du charbon produit plus ou moins ces effets. Nous ajoutons que ce dernier gaz pur, si bien dépuré qu'il soit, donne, par la combustion, toujours un peu d'acide sulfureux, ce qui démontre évidemment qu'il contient du soufre.

Un des grands avantages du gaz de l'huile, c'est qu'un pied cube (environ 28 décimètres cubes) équivaut jusqu'à quatre (113 décim. cubes) de gaz de houille. Cette densité est d'autant plus avantageuse, qu'on peut réduire presque de trois quarts la capacité des gazomètres, et qu'elle offre plus de facilité pour la construction des lampes à gaz portatif.

Plusieurs auteurs, et particulièrement en Angleterre, se sont occupés des effets comparatifs de ces gaz pour l'éclairage; nous allons faire connaître les principaux, en commençant par donner l'extrait d'un travail publié par M. Ricardo, dans les *Ann. of philos.* et dans le *Bulletin des Sciences technologiques*, au sujet de l'usine dont la direction fut confiée, en 1821, à MM. Taylor et Martineau.

Deux paires de retortes, travaillant 8 à 10 heures par jour, suffisent pour la consommation d'hiver, qui est de 5000 pouces cubes par mât; si les 6 paires étaient en activité, on en aurait six fois autant.

L'huile à vil prix n'est pas toujours celle qu'on doit préférer; pour la quantité et la qualité du gaz, celle de baleine tient le premier rang. Il importe d'avoir toujours une chaleur égale et un courant régulier d'huile, afin d'obtenir une quantité constante de gaz.

Les observations précédentes me paraissent démontrer les avantages du gaz de l'huile pour l'entrepreneur : ce gaz doit être aussi préféré par le consommateur. Le résultat suivant m'a été communiqué par un de ces derniers : il a dans sa boutique cinq lampes-d'argent, brûlant chez lui depuis le coucher du soleil jusqu'à neuf heures, et les same-

dis jusqu'à onze. Dans son arrière-boutique il y en
a deux, et une dans son magasin ; ces trois der-
nières ne sont pas toujours allumées, et il les éva-
lue à un bec et demi ; de sorte qu'il a en totalité six
becs et demi, et la moyenne de l'éclairage, en
comptant le samedi, est de 20 heures par semaine,
ou 1040 h. par an. La consommation annuelle
sera d'environ 8,800 pieds cubes, lesquels, à 50 s.
(60 fr.) par 1000, font un total de 21 liv. (504 fr.),
en déduisant cinq pour cent d'intérêt.

Dans notre calcul, chaque bec consomme 1350
pieds cubes par an ; ce qui excède peu un pied
un quart par heure, et la lumière est égale, sinon
supérieure, à celle du gaz de charbon, où l'on con-
sume 5 pieds cubes par heure. On peut donc en
conclure que 1 pied de gaz de l'huile est égal à
4 pieds de gaz de charbon ; les pouvoirs illuminans
ont été examinés par un homme sur la sagacité
duquel on peut compter, et qui a des intérêts dans
les deux espèces d'établissemens ; il est parvenu à
des résultats semblables.

Le prix demandé est de même favorable aux
usines à l'huile ; l'emploi du gazomètre est préfé-
rable à l'ancien procédé de faire payer d'après le
nombre des becs ; car, dans ce dernier cas, le con-
sommateur paie pour un nombre déterminé de
lampes, qu'il s'en serve ou non. Ainsi, dans notre
hypothèse, de six becs et demi à 4 liv. (96 fr.)
par bec, il donnerait 26 liv. (624 fr.) ; mais en
payant au moyen du gazomètre, en se rappelant
que 1 pied cube de gaz de l'huile équivaut au
moins à 3 pieds et demi de gaz de charbon, et
cotant conséquemment le prix du gaz de charbon
à 15 s. (18 fr.) par 1,000 pieds cubes, lesquels,
cotés à 15 s. (18 fr.), font 20 liv. 8 s. ou 552 fr. ;
ce qui démontre l'avantage du gaz de l'huile sur le
gaz de charbon, puisque le consommateur ne paie
que 21 liv. au lieu de 26, et l'avantage de payer au

moyen du gazomètre, au lieu de payer par bec, car il ne paie que 23 liv. au lieu de 26.

Je ne discuterai pas les avantages de l'éclairage par le gaz, ce point est incontestable : la seule question à poser est de savoir s'il est économique. Il est difficile de résoudre ce point ; en effet, cela dépend du nombre de lumières ; on peut seulement assurer que l'on peut par ce moyen s'éclairer sans viser à l'économie, et que l'on peut avoir au même prix deux ou trois fois la lumière d'une chandelle, quatre ou cinq fois celle de l'huile de baleine, et au moins douze fois celle d'une bougie.

Enfin, la grande question, pour une usine à établir, est de déterminer si l'on doit procéder au moyen de l'huile ou du charbon ; laquelle de ces deux substances exige le moins de capital, promet les meilleurs résultats, et présente le moins de perte si l'établissement ne réussit pas ? A toutes ces questions je répondrai affirmativement : l'huile.

En vain objectera-t-on le témoignage des savans qui se sont prononcés contre ce moyen. Sans vouloir déprécier la science ou leur mérite, je dirai toujours que le gaz de l'huile est préférable : les expériences sont décisives et doivent l'emporter sur les opinions théoriques.

Il serait trop long d'entrer dans tous les détails qui prouvent cette supériorité ; je me contenterai de montrer qu'à tous les avantages se joint celui de pouvoir diminuer ou augmenter la lumière à volonté par la pression ou le diamètre des tuyaux de conduite ; en un mot, la meilleure preuve est celle donnée par un homme désintéressé, qui démontre l'avantage de l'huile par livres, sous, etc., etc. Cette preuve est plus claire que les expériences chimiques et philosophiques qui pourraient être tentées.

Tous les fabricans ne partagent pas cette opinion. La *Gazette littéraire de Londres* a également présenté, dans le n°. 384, les avantages respectifs des modes d'éclairage par le gaz de charbon et celui d'huile. En évaluant, y est-il dit, le produit du gaz de houille et du gaz d'huile de poisson, on prendra pour base les données adoptées par la compagnie d'éclairage; ainsi :

1°. Deux boisseaux de bon charbon de Walls-end, coûtant environ 2 schelings, produisent à peu près 600 pieds cubes de gaz pur ;

2°. Un gallon de bonne huile de baleine, ou de tout autre poisson, coûtant aussi environ 2 schelings, donne 100 pieds cubes de gaz.

D'après cela, si 100 pieds cubes de gaz d'huile produisent autant d'effet que 300 de celui de houille, il est clair que deux schelings de ce combustible donneront le double de gaz d'huile ; ce qui sera un double bénéfice, auquel l'on devra ajouter la valeur du coak, du goudron et de l'ammoniaque.

Il est bien rare que ceux qui s'enthousiasment pour un objet ne cherchent pas toujours à rapetisser celui qu'on lui compare ; ainsi l'auteur de cet article admet que la durée de l'éclairage de 100 pieds cubes de gaz de ce charbon n'équivaut qu'à 300 celui d'huile, tandis que généralement on les évalue à près de 400. Il est forcé pourtant de convenir que l'intensité de la lumière d'un bec de gaz d'huile est bien plus considérable que celle qui est due à un bec égal alimenté par le gaz de charbon. Or, dit-il, si l'on a besoin d'une vive lumière sur un point donné, comme dans les maisons et les divers établissemens, etc., le gaz de l'huile doit être préféré; mais pour éclairer les rues, on doit prendre celui de charbon, à cause de l'économie.

Quant à la salubrité des deux gaz, l'auteur fait une observation très judicieuse.

100 pouces cubes de gaz de houille, en brûlant,

dépouillent 1,000 pieds cubes d'air de son oxigène.

100 pouces cubes de gaz d'huile, par la combustion, en absorbent près de 2,000.

Il est donc bien reconnu que le gaz d'huile, en consommant le double de gaz oxigène, altère beaucoup plus la pureté de l'air.

Il est facile d'obvier à cet inconvénient ; et puisqu'il est reconnu que le gaz d'huile éclaire beaucoup plus que celui de charbon, on n'a qu'à diminuer le nombre des becs du premier pour obtenir les mêmes résultats du second, ou bien établir un courant d'air dans les salles ; d'ailleurs, le gaz d'huile ne contenant point de gaz hydrogène sulfuré, n'a point de mauvaise odeur, et n'attaque ni les dorures, ni les peintures, etc.

Comme ce n'est que du choc des opinions que jaillit l'étincelle de la vérité, nous allons présenter ici l'opinion que MM. Christison et Ed. Turner ont émise dans les *Annales de la philosophie* (Annals of philos.). Voici comme ils s'expriment :

Les gaz pour l'éclairage peuvent être comparés sous deux points de vue ; celui du prix qu'ils coûtent, et celui de la lumière qu'ils donnent.

Relativement à l'économie, la densité du gaz de charbon est de 700, 600 et 450 ; la densité du gaz d'huile est de 920, terme moyen, et peut être portée plus haut.

Relativement à la lumière, celle du gaz de l'huile est incontestablement plus belle, plus blanche, plus agréable.

Nous n'entreprendrons point de retracer ici l'opinion de tous ceux qui ont pris parti pour le gaz du charbon, ou pour celui de l'huile ; nous nous bornerons à dire qu'il y a de l'exagération dans tous leurs tableaux. Le seul point sur lequel tous s'accordent, c'est que le gaz d'huile est beaucoup plus dense, qu'il répand une plus belle lumière, et qu'il n'a pas d'odeur et presque pas d'action sur les do-

rures, les peintures, etc. Quant au prix respectif
de la fabrication de ce gaz, il est certain qu'il doit
être relatif aux localités et suivant le prix et la
bonté de l'huile, comme suivant le prix et la qua-
lité du charbon de terre, dont la quantité et la den-
sité du gaz que donnent les variétés de ce combu-
stible sont si différentes; c'est ce qui fait qu'on ne
saurait rien présenter d'exact à ce sujet.

M. Schwartz s'est occupé de l'application à l'é-
clairage par le gaz de l'huile empyreumatique de
goudron, qu'on obtient en le distillant pour en
extraire la poix.

100 pouces cubes de cette huile donnent de 56
à 68 pieds cubes d'un gaz qui brûle avec une lu-
mière très vive. Cette huile, suivant lui, mérite la
préférence, pour la fabrication du gaz, sur les huiles
fixes; parce qu'en se volatilisant plus promptement
avec le gaz, elle s'oppose à ce que le gaz, dit *oléifiant*,
soit par suite exposé assez long-temps à l'action
du calorique, pour être décomposé et converti en
hydrogène proto-carboné. Au reste, la vapeur
d'huile, qui passe avec le gaz, est, en grande par-
tie, condensée dans le réfrigérant, et rapportée
dans la cornue. Il serait à désirer qu'on appliquât
également à cette fabrication les huiles provenant
de la combustion des os et des autres substances
animales, celle de cade, etc.

Éclairage par le gaz de l'huile de graines.

Il est, comme nous l'avons démontré, un grand
nombre de semences dites *oléagineuses*, à cause de
l'huile douce qu'elles contiennent. Or, comme dans
les charbons, et avec les huiles, ce sont toujours
les matières huileuses qui, en se décomposant,
donnent lieu au gaz hydrogène bi-carboné, il est
évident que les graines oléagineuses, par leur
ignition dans des vases clos, doivent produire un

gaz de même nature. C'est ce qui a lieu ; aussi
a-t-on employé les graines oléagineuses pour la
fabrication de ce gaz. Mais, comme ces graines
contiennent une infinité d'autres substances, il
en est résulté que celui qu'elles donnent, étant
chargé de beaucoup d'autres gaz étrangers, sa
purification est bien plus difficile que celle de
celui qui provient de l'huile ou du charbon; aussi
est-il presque généralement abandonné. Cependant,
dans les pays où l'on récolte beaucoup de graines
oléagineuses, dont on ne fait aucun usage, on de-
vrait s'empresser de les utiliser à cette fabrication.
M. Olmsted (1) a cherché à tirer parti de la graine
du cotonnier qui constitue à elle seule près des
trois quarts en poids de la récolte et qui est aban-
donnée. Ce chimiste a reconnu que le gaz qu'elle
donne est presque d'aussi bonne qualité que
celui qui provient de l'huile.

Une once de ces graines a produit 1,018 pouces
cubes de gaz, non compris les dernières portions
qui étaient peu chargées de gaz hydrogène bi-
carboné. D'après ce calcul, une livre de ces graines
en produirait 16,288 pouces cubes.

Résumé.

L'éclairage par le gaz offre de grands avantages
sur celui par les huiles, les graisses, etc.

1°. Attendu qu'on n'a pas besoin de nettoyer
constamment les lampes.

2°. Vu qu'on n'a point à craindre ni leur déran-
gement ni leur coulage.

3°. Que sous ce dernier point de vue, les accidens
produits par le coulage de l'huile ne sont pas à
craindre.

4°. Quand le gaz est bien pur, en brûlant, il ne

----

(1) *American Journal of Sciences and Arts.*

répand presque aucune odeur sensible, tandis que
la plupart des huiles produisent et beaucoup de
fumée et une odeur très désagréable.

5°. La lumière des lampes à huile est vacillante,
et exige de moucher les mèches et de les renouve-
ler, tandis que les lampes à gaz n'en ont aucun
besoin, et répandent une plus belle et une plus
forte lumière.

6°. Le gaz du charbon a plus d'odeur que celui
de l'huile, est moins dense, donne moins de lumière,
et il en faut près de 4 pouces cubes pour égaler le
pouvoir éclairant d'un pouce de celui d'huile.

7°. Les lampes à gaz, éclairant beaucoup mieux
que celles à huile, décomposent aussi beaucoup
plus d'air, et chauffent davantage les apparte-
mens. Il est nécessaire de faire surmonter chaque
bec d'une sphère métallique contre laquelle vont
heurter les gaz qui ont échappé ou sont le produit
de la combustion, et pour lesquels on a proposé un
appareil pour les condenser dans un réservoir par-
ticulier.

8°. L'éclairage par le gaz n'influe en rien sur
la santé des consommateurs; il n'y a d'autre acci-
dent à craindre que celui qui peut provenir d'une
coupable négligence. Ainsi il est bien évident que
si on laisse les robinets, qui portent les gaz aux becs
des lampes, ouverts, ce gaz se répandra dans l'ap-
partement, et se mêlera avec l'air atmosphérique.
Dès-lors, si l'on entre dans cet appartement avec
une bougie enflammée, il est certain qu'il y aura
explosion, parce que le gaz hydrogène, soit pur, soit
uni au carbone, ce qui constitue le gaz hydrogène
carboné, détonne quand il est mêlé avec l'air atmo-
sphérique, et qu'on en approche un corps enflammé.
Cet effet est le même que les explosions qui se pro-
duisaient dans les mines, et qui tuaient les ouvriers,
avant que M. Davy eût inventé sa lampe de sûreté.
Il est donc bien reconnu qu'en fermant soigneuse-

ment tous les robinets, on n'a aucun danger à redouter.

9°. On peut faire circuler le gaz dans des tuyaux comme l'eau, et l'on pourrait de Paris éclairer une ville de province avec une usine qui fabriquerait une assez grande quantité de gaz; l'on peut aussi le faire monter à diverses hauteurs, et le distribuer ainsi dans les ateliers, les salles de spectacle, etc.

10°. Le gaz, en séjournant sur l'eau, perd en grande partie, dans environ vingt-quatre heures, son pouvoir éclairant; il brûle alors avec une flamme bleuâtre, et dépose une matière bitumineuse brune sur le liquide. Il paraît qu'il se convertit en hydrogène proto-carboné.

11°. L'éclairage par le gaz est plus économique que celui par l'huile.

12°. La filtration du gaz, à travers les tuyaux souterrains, quand elle a lieu, nuit beaucoup à la végétation des arbres.

13°. On peut aussi transporter le gaz à de grandes distances et le comprimer dans des réservoirs portatifs, qui servent à alimenter des lampes dites *portatives*. Ces réservoirs doivent être en cuivre et très forts; et, comme le gaz d'huile est trois fois plus dense que celui de charbon, on doit les remplir avec du gaz d'huile comprimé de neuf à dix atmosphères. Une trop forte compression pourrait faire éclater le réservoir, comme nous avons eu l'occasion de l'observer chez un de ces preneurs de brevets d'invention, qui était si ignorant qu'il ne savait point remplir le réservoir de gaz hydrogène carboné; il l'y injectait avec une pompe, sans en avoir évacué l'air; aussi gare les explosions. L'éclairage par le gaz portatif a été entrepris à Londres, Paris, Rouen; nous ne pensons point qu'il puisse supporter la concurrence avec celui qui nous est transmis par les conduits souterrains. Il n'entre point dans notre

plan de décrire les lampes à gaz portatif; ce serait
nous écarter de notre but.

Ceux de nos lecteurs qui voudraient acquérir de
plus grandes connaissances sur la fabrication du
gaz propre à l'éclairage, pourront consulter les di-
vers Mémoires qui ont été publiés par MM. Lebon,
Ryss-Poncelet, Taylor, Fresnel, Verre et Crane,
Winsor, Murdoch, Accum, Clegg, Berard, etc.,
de même que la description des divers appa-
reils ou procédés qui se trouvent consignés dans
le bel ouvrage de M. Christian sur la description
des machines et procédés, par brevet d'invention,
ainsi que le Bulletin de la Société d'encouragement
pour l'industrie nationale, les Annales de Chimie
et de Physique, les Archives des Découvertes et des
Mines, les Annales des Arts et Manufactures, la Bi-
bliothèque britannique, la Revue encyclopédique,
the Repertory of Arts, Manufactures and Agriculture, le
Traité pratique de l'Eclairage par le gaz, par M. Ac-
cum, le Bulletin des Sciences technologiques, etc.

Bien des gens, par esprit de système, ont cher-
ché à décrier l'éclairage par le gaz; quelques uns
même, enchérissant sur ce point, ont écrit con-
tre. Parmi ceux-ci, nous citerons un de nos plus
spirituels romanciers, qui sans doute ignorait alors
que dans les sciences exactes et dans les arts, les
hypothèses, pour si ingénieuses qu'elles soient,
tombent devant les faits.

En traçant cet aperçu sur l'éclairage par le
gaz, nous n'avons eu d'autre but que d'en don-
ner une idée à ceux de nos lecteurs qui, placés
loin de la capitale, n'ont jamais eu l'occasion
d'en connaître les effets. Nous croyons devoir ter-
miner cet ouvrage par cette remarque, afin qu'on
ne puisse point nous reprocher de n'être pas en-
trés dans tous les détails qu'exige un pareil sujet.

FIN.

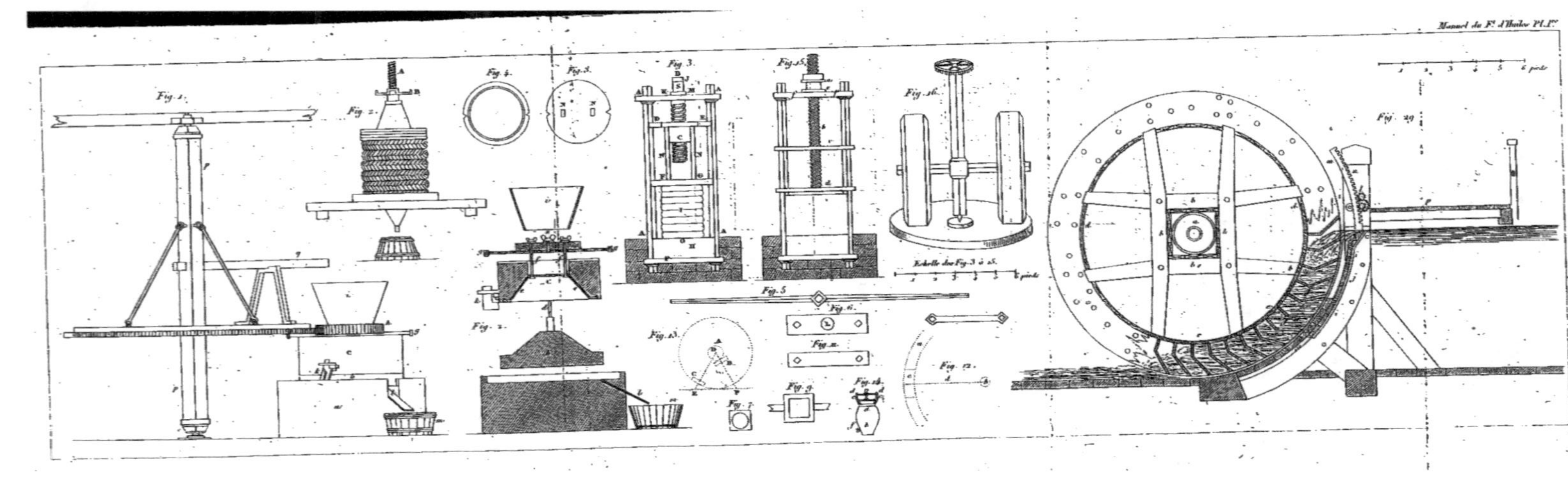

Manuel du F. d'Huiles Pl.1re
Fig. 1.
Fig. 2.
Fig. 3.
Fig. 4.
Fig. 5.
Fig. 6.
Fig. 7.
Fig. 8.
Fig. 9.
Fig. 10.
Fig. 11.
Fig. 12.
Fig. 13.
Fig. 14.
Fig. 15.
Fig. 16.
Fig. 29.
Echelle des Fig. 3 à 16.

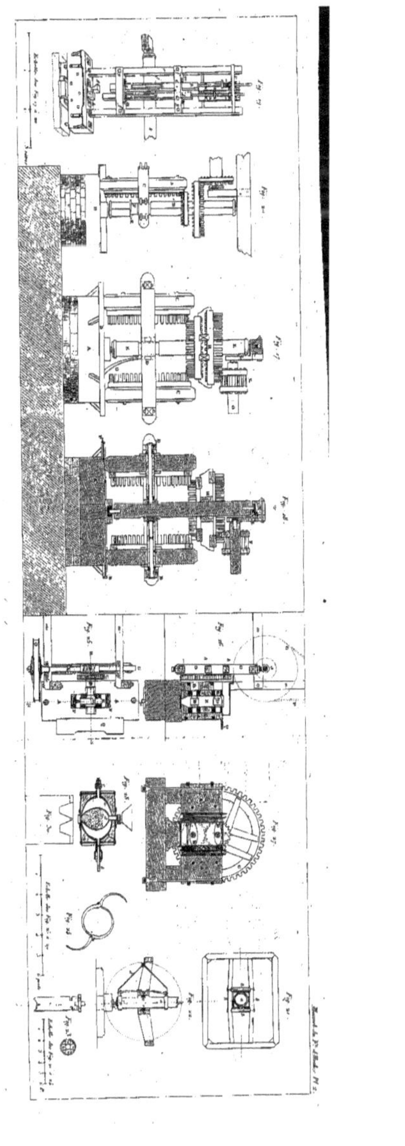

TABLE DES MATIÈRES.

PREMIÈRE PARTIE. Considérations générales sur les huiles fixes........................ *Page* 1
Propriétés physiques des huiles............... 3
Poids spécifique des huiles................... *ibid.*
Propriétés chimiques...................... 4
Tableau de la solubilité des huiles fixes dans l'alcool. 7
Tableau comparatif des quantités de savons obtenues de trois livres d'huile ou de graisse saponifiées par le sous-carbonate de soude rendu caustique..... 9
Principes immédiats des huiles................ 10
Oléine ou élaïne........................... *ibid.*
Acide oléique............................. 12
Stéarine................................. 13
Acide stéarique........................... 15
— margarique........................... 17
Composition élémentaire des huiles............ 18
SECONDE PARTIE. Examen des huiles douces....... 19
Huile d'olive............................. *ibid.*
De la culture de l'olivier................... 25
De la taille.............................. 27
De l'huile d'olive et de sa préparation.......... 28
Préparation de l'huile d'olive en Espagne........ 30
— dans le midi de la France................ 31
Extraction de l'huile d'olive par le procédé de M. Bory................................ 35
Moulin de campagne, à l'usage des propriétaires ruraux et propre à extraire les huiles des olives... 37
Pressoirs à huile, du département des Bouches-du-Rhône................................. 39
Procédés et machines propres à extraire l'huile des olives............................... 40
Espérance............................... 45
Partage des huiles......................... *ibid.*
De la jarre à l'huile........................ 46
Des tonneaux, barriques et barils............. *ibid.*

Les caquiers ou enfers............................... 47
Sophistication de l'huile d'olive et des moyens propres à la reconnaître............................... 48
Huile d'onction ou de légitimité.................... 50
Huile d'amandes douces............................ ibid.
Huile d'arachide, pistache de terre................ 54
Huile de ben...................................... 60
Beurre ou huile de cacao.......................... 61
Préparation du beurre de cacao.................... 64
Beurre de coco.................................... 65
Huile de citrouille................................ ibid.
— de cornouiller sanguin......................... 66
— ou beurre de Galam............................ ibid.
Cire.. 67
Huile de noix..................................... 69
— de noix cuite.................................. 70
— de noisette (*fructus avellanæ*)............... 71
— de palme...................................... ibid.
Huiles des graines oléagineuses................... 73
Huile de caméline (*Myagrum sativum.*)........... 76
— de cresson alenois............................. 77
Culture du cresson................................ ibid.
Chenevis ou chanvre (*Cannabis sativa*)........... 80
Huile de chou (*Brassica oleracea*)................ 81
Chou et huile de colza (*Brassica oleracea arvensis*). 83
Huile de faîne.................................... 85
Tableau des différentes extractions de l'huile de faîne. 89
Huile de galéope.................................. 91
— de julienne................................... 92
— de lin.. 94
Manière de faire l'huile de lin en Sicile........... 96
Huile de lin dite de la marmite.................... 97
— de lin lithargirée............................. 98
— de lin cuite, ou vernis........................ ibid.
— de moutarde.................................. ibid.
Chou-navet (*Brassica oler., napus brassica*), navets ou navette...................................... 101
Huile d'œillet ou pavot (*Papaver somniferum*)... 103
— de pepins de raisin............................ 104
— de raifort de la Chine......................... 109
— de ricin...................................... 110

Préparation de l'huile de ricin par le procédé de
   M. Planche................................ 111
Procédé de M. Faguer............................ 112
Huile de tournesol.............................. ibid.
Résumé sur l'huile des graines oléagineuses........ 113
Préparation des huiles des graines............... 114
État des tordoirs ou moulins à huile de divers arron-
   dissemens du département du Nord............ 117
1ᵉʳ GENRE. Huiles fugaces...................... 195
Huile de jasmin................................ ibid.
Huile de lis.................................... 192
2ᵉ. GENRE. — Huiles légères.................... 197
Huile de bergamote............................. ibid.
— de cédrat................................... ibid.
— de citron................................... ibid.
— d'orange................................... ibid.
— d'orangette................................ ibid.
— de limette................................. ibid.
3ᵉ. GENRE. — Huiles visqueuses ou épaisses...... 199
Huile de cannelle.............................. ibid.
— de girofle.................................. 201
— de sassafras............................... 203
— de bois de Rhodes......................... ibid.
— d'absinthe................................. ibid.
— de fleurs de camomille...................... 204
— de carvi................................... ibid.
— de coriandre............................... ibid.
— de piper cubeba ou cubèbes.................. ibid.
— de cumin.................................. ibid.
— volatile de moutarde........................ ibid.
4ᵉ GENRE. — Huiles volatiles qui prennent une forme
   cristalline ou concrète par le refroidissement ou
   une évaporation lente......................... 206
Huile d'aunée.................................. ibid.
— d'anis..................................... 207
— d'anis étoilé ou badiane.................... ibid.
— de fenouil................................. ibid.
— de persil................................... 208
— de roses................................... 209
— de menthe................................. ibid.
— de *ravine sara*............................ 211

5e. GENRE. — Huiles volatiles céracées.......... 211
Huile de muscade...................... 212
— de laurier......................... 213
6e. GENRE. — Huiles volatiles dites *camphrées*...... 214
Huile d'aunée.......................... 217
— de matricaire..................... ibid.
— de marjolaine..................... ibid.
— de lavande........................ 218
— de romarin........................ 220
— de sauge.......................... ibid.
— de valériane...................... 221
— de zédoaire....................... ibid.
— d'origan.......................... ibid.
— de thym........................... ibid.
— de serpolet....................... ibid.
Distillation des huiles volatiles extraites des plantes. ibid.
Sophistication des huiles volatiles.............. 225
Huile ou essence de térébenthine.............. 226
— de raze........................... 229
Appendice sur les huiles volatiles.............. 230
Huile de cade...................... ibid.
Note sur l'huile essentielle de Caïoupouti......... ibid.
Huile de croton tiglium..................... 233
— d'euphorbia lathyris................. 235
Huile de karapat.......................... 237
Huile de pommes de terre................... 238
Huile animale ou de Dippel.................. 161
Huile de corne de cerf...................... ibid.
Huile empyreumatique...................... ibid.
Huile d'œufs............................. 163
Huile de pied de bœuf.................. 164 et 165
Huile animale solide....................... 165
Huile de poisson.......................... 174
Huile de dauphin.......................... 175
Huile de marsouin......................... 176
Huile dite *oleum jecoris aselli*............... 177
Huile minérale........................... ibid.
Huile de naphte.......................... 178
Huile de pétrole.......................... 180
Tableau de l'exploitation des moulins à huile du dé-
  partement du Nord........................ 118

Récapitulation du produit des moulins ou tordoirs.. 119
État des dépenses...... 120
Extraction des huiles de lin, de colza, d'œillets, de
    caméline, de chanvre dans le département du
    Nord............................... 121
Instruments pour la préparation des huiles des graines. 126
Meules verticales en pierre dure................ ibid.
Moulin à huile ou tordoir.................... 127
Moulins à bras............................ 128
Nouveau moyen de mettre en mouvement les meu-
    les·d'un tordoir à huile..................... 129
Procédé de M. Hallette fils................... 132
Perfectionnement des cames destinés à élever les pi-
    lons, foulons, bocards, manteaux, etc........ 134
Perfectionnement des roues à augets........... ibid.
Nouveau système de presse muette pour les moulins
    à huile, propre à remplacer avantageusement la
    presse à coing........................... 135
Nouvelle machine propre à chauffer la graine écra-
    sée, pour faciliter l'extraction de l'huile....... 136
Procédé de M. Ecouchart..................... 139
TROISIÈME PARTIE. Dépuration des huiles....... 140
— par le repos.............................. ibid.
— par la filtration.......................... 141
Filtre au charbon........................... ibid.
Dépuration des huiles par l'eau................ 144
— par l'acide sulfurique....................... 145
Procédé de M. Denis de Montfort par l'acide sul-
    furique.................................. 146
Procédé par les alcalis ; par le même............ 147
Procédé par l'argile ; par M. Fischer............ 148
Epuration des huiles par le charbon et l'acide sulfu-
    rique réunis, dans le département du Nord...... ibid.
De l'épuration de l'huile de colza ou navette, pour
    quinquets et veilleuses, ou huile de colza de 1re qua-
    lité..................................... 149
Filtre au charbon pour les huiles dans le départe-
    ment du Nord............................ 151
De l'épuration de l'huile de colza ou de navette,
    connue dans le commerce sous le nom d'*huile à ré-*
    verbères, ou de seconde qualité............. 154

De l'épuration de l'huile d'œillette ou pavot pour
    manger en salade et autres usages économiques.   154
Procédé propre à épurer les huiles ; *par MM. Colin
    de Cancey et compagnie*...................... 155
Dépuration des huiles de poisson par les alcalis, l'a-
    cide sulfurique et le charbon réunis; par M. Collier. 156
Filtre au charbon de M. Collier................ *ibid.*
Dépuration de l'huile pétrole, par M. de Saussure. 158
QUATRIÈME PARTIE (Huile animale et minérale)... 161
Huile animale............................... *ibid.*
Beurre....................................   165
Des graisses................................   166
Graisse de porc, axonge ou sain-doux..........   167
Graisse de mouton ou suif.....................   169
Graisse ou suif de bœuf......................   170
Graisse médullaire du bœuf.................. *ibid.*
Graisse humaine............................ *ibid.*
CINQUIÈME PARTIE (Huiles volatiles).........   187
De la composition des huiles volatiles..........   192
Classification des huiles volatiles..............   194
SIXIÈME PARTIE.............................   240
Aperçu sur l'éclairage par le gaz hydrogène bi-carboné *ibid.*
Eclairage par le gaz du charbon...............   241
Compte d'une usine au gaz de houille...........   245
Quantité de gaz fourni par un chaldron des diverses
    variétés des charbons anglais................   248
Eclairage par le gaz à l'huile.................   251
Examen comparatif de l'éclairage par le gaz du char-
    bon et par celui de l'huile..................   252
Eclairage par le gaz de l'huile de graines........   258
Résumé....................................   259
Tableau de l'épuration des huiles dans le départe-
    ment de la Seine   160
Tableau de la fabrication de l'huile de pied de bœuf. 165
Tableau des principales huiles volatiles..........   188

FIN DE LA TABLE.

DE L'IMPRIMERIE DE CRAPELET,
rue de Vaugirard, n° 9.